BIAD 2020 优秀方案设计

北京市建筑设计研究院有限公司 主编

中国建筑工业出版社

前言

为鼓励建筑创作，提升企业核心竞争力，打造“BIAD设计”品牌，北京市建筑设计研究院有限公司（BIAD）创作中心依据BIAD《优秀方案评选管理办法》的要求组织进行了2020年度BIAD优秀方案的评选工作。参加评选的项目为2018年10月～2020年8月期间完成的原创方案设计项目。其范围包括方案投标阶段项目和工程设计阶段的方案项目，涵盖公共建筑、居住建筑及居住区规划、城市规划与城市设计、景观设计、室内设计等专项类型。

获奖作品从 230 个申报方案中产生，来自公司内外 20 位专家组成的评审委员会经过认真客观公正的投票评选，最终选出一等奖 19 项，二等奖 36 项，三等奖 60 项。

从总体上看，申报方案表现了较高的整体水平，即使未入围获奖的项目也表现出不俗的水平和特色，限于篇幅，本书仅详细呈现一、二等奖方案，三等奖方案列表介绍。这些项目部分已在实施中，一些虽未能实施，但方案中许多亮点有很强的专业价值，可供专业人士分享和借鉴。

通过每一年 BIAD 优秀方案作品可以看到 BIAD 人所具有的专业力量以及对国家的城市建设所做出的贡献。经过全体建筑师的不懈努力，BIAD 方案原创能力在不断提升，BIAD 在设计方法、理论研究与职业责任方面的探索取得很大收获。大部分优秀方案作品在传统、地域、文化、美学、社会、经济、功能、技术等多元综合性上取得良好的平衡或在某些方面特色突出，在结构、绿色、设备等方面技术先进、适宜，符合可持续发展原则。

国家当前正经历减量提质的经济转型与变革，BIAD 也将面临同样的考验。我们需要不断提升 BIAD 的设计原创水平与科技创新能力，在先进理念的引领下，将心智创造和先进技术转化为价值才能赢得市场。希望通过 2020 年度 BIAD 优秀方案作品集的出版，让更多的设计同行以及行业内人士有机会了解优秀方案所取得的经验和方法，借此推动 BIAD 建筑创作的发展进步，期待 BIAD 在新的一年里创作出更多的优秀作品贡献给社会。

目录

新华保险大厦

一等奖 • 公共建筑／一般项目

• 独立设计／工程设计阶段方案

项目地点 • 广东省深圳市前海合作区桂湾片区

方案完成／交付时间 • 2020 年 4 月 1 日

设计特点

新华保险大厦位于深圳前海合作区桂湾片区北部中心位置，集办公及商业于一体，地上 14 层，地下 4 层。建筑面积 8.8 万平方米，由超高层办公塔楼及 3 层商业裙房组成。主塔楼由首层通高大堂、三层多功能厅及低区办公、中区办公、高区办公组成。裙房功能为商业和公共配套设施。

塔楼取义中国古代的“算筹”“量斗”等度量衡工具作为造型和立面细部的设计因素。裙房在首层与城市道路连接，二层通过空中连廊与东西两侧的地块相连通，形成“城市客厅”节点，使本地块与周边地块形成流动的城市共享空间。在地块中心区域是一个下沉庭院联通地面和地下商业空间，下沉庭院开口朝向西侧地块，与其地面城市景观形成良好的互动，形成景观与商业一体化空间，地面行人可通过南北两侧的楼梯和自动扶梯到达下沉庭院内。

建筑外墙材料采用金属铝板幕墙和玻璃幕墙的组合，耐久性优良。在光滑的玻璃幕墙表面增加了金属穿孔外遮阳构件，与建筑主体结构统一设计、施工，并确保连接可靠。塔楼的平面采用使用率更高的“T”字形布局，结合超高层建筑向上不断退缩的特点，利用建筑空间和结构潜力，使建筑空间和功能适应使用者需求的变化。

设计评述

本设计方案巧妙地从建筑造型上寻求突破点，整体造型舒展大方，展现出建筑主体的大气形象，与深圳前海的城市气质相吻合，亦符合企业国际高端金融服务集团的定位目标和气质。

方案设计具有很好的开放性，设计了诸如空中连廊、下沉式庭院等公共开放空间，向城市开放，向公众开放。功能布局、交通流线合理，充分满足办公生活的各项功能需求，全面满足和体现设计任务书的要求。

屋顶花园植物配置丰富，线性设计迎合了建筑主体形象，多种植物错落搭配，现代气息浓郁。

方案设计满足《绿色建筑评价标准》全部控制项的要求，使用智能化信息集成系统，形成了智能集成管理运维平台。

主要设计人 • 郑　方 黄　越 董晓玉 孙卫华 郝　斌 宋　刚 唐文宝 龙雨馨 朱碧雪 赵茹梦 乐　桐 林志云 冯　喆 陈　争

人视效果图

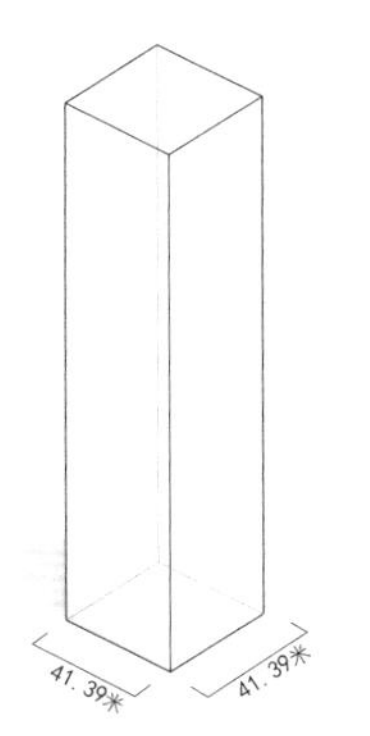

根据规划要求选取基底41.39米×41.39米，高度为180米的体量，满足建筑面积要求

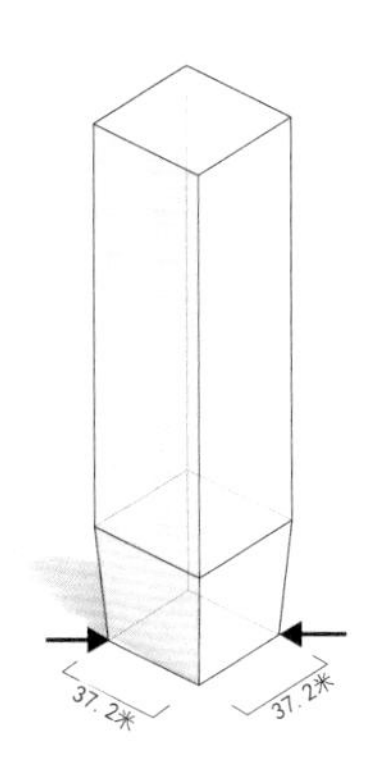

自底部收分变化，形成斗的造型意向

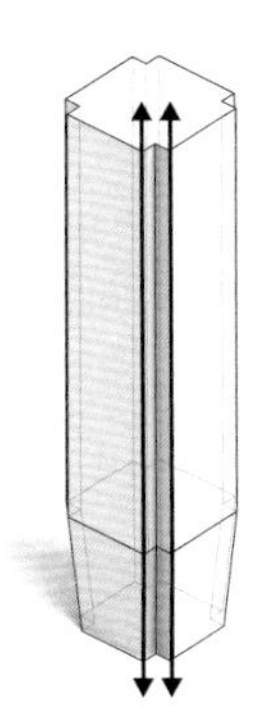

角部切削为八边形

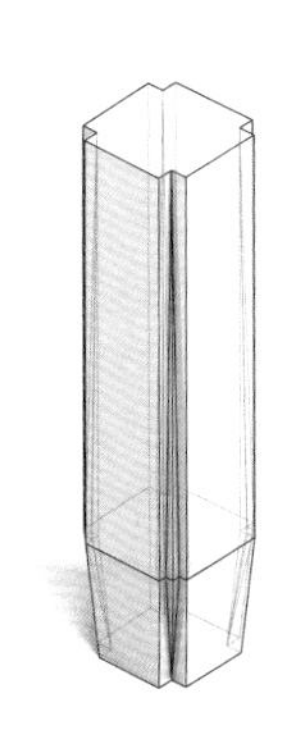

继续变形形成如钻石镶嵌般的造型

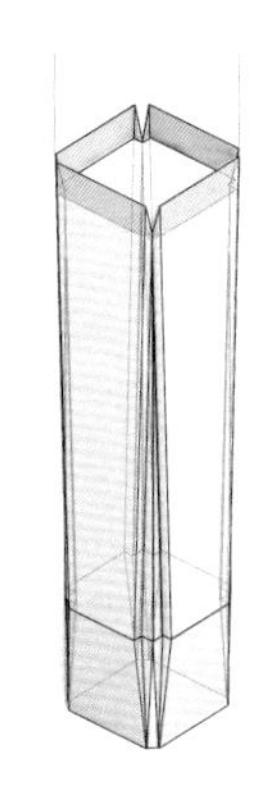

塔楼采取斗形凹陷处理

体量生成图

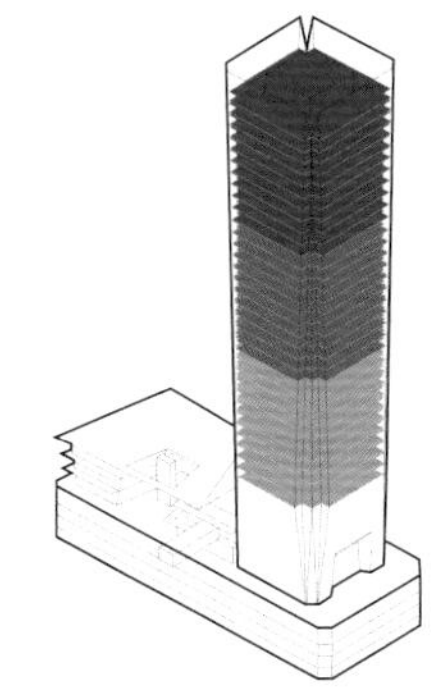

办公标准层分为低区、中区、高区

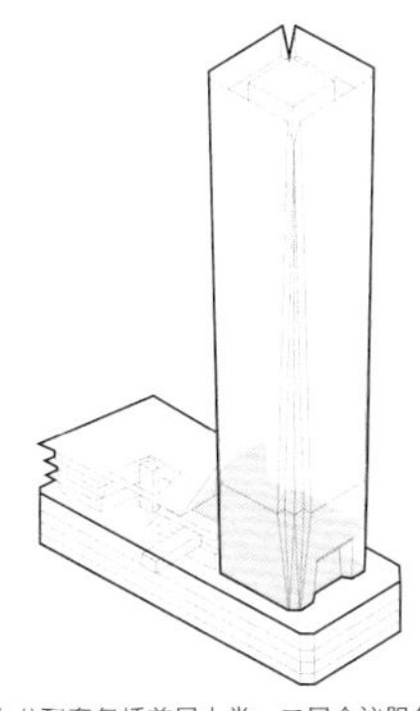

办公配套包括首层大堂、二层会议服务

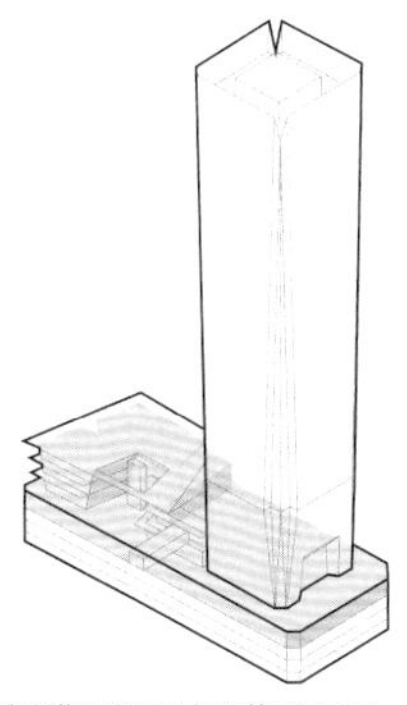

商业位于B1层及裙房首层至三层

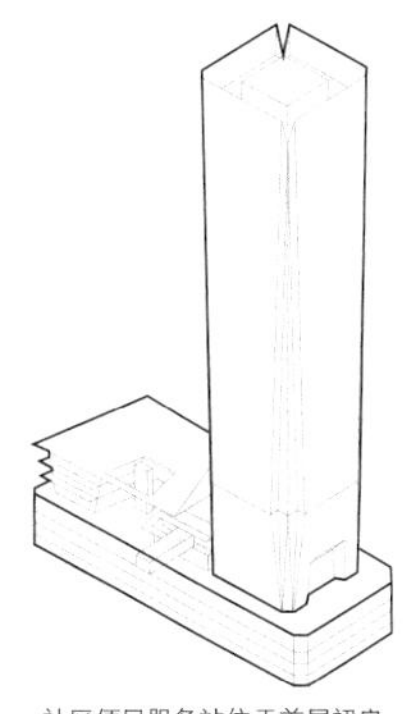

社区便民服务站位于首层裙房

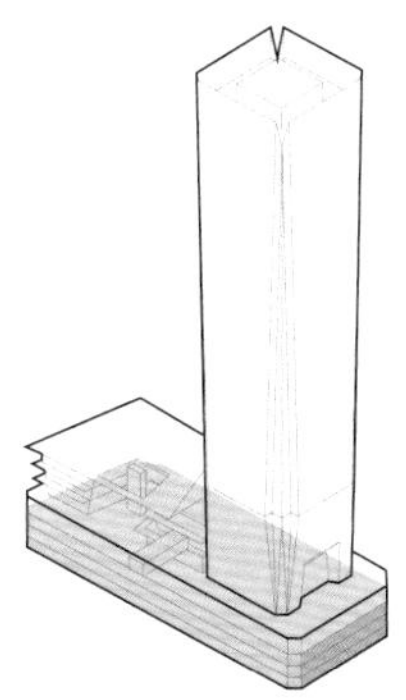

车库及设备用房位于B2至B4层

功能分析图

夜景鸟瞰图

入口效果图

屋顶花园效果图

商业裙房效果图

北京小汤山医院升级改造应急工程（新建 1500 床临时病房）

一等奖 • 公共建筑／重要项目
• 独立设计／工程设计阶段方案

项目地点 • 北京市昌平区
方案完成／交付时间 • 2020 年 4 月 2 日

设计特点

本项目为小汤山医院 SARS 病房原址上新建应对疫情的临时战略储备病房，主要用于境外来（返）京人员中需要筛查人员的进一步医学筛查和疑似病例及轻型、普通型确诊患者的治疗。

项目设计按“三区两通道”布局，防止交叉感染；病区及办公区预留休息室，用于医护人员在高强度工作的间隙休息；人性化的设计强化设计适用性。采用箱式模块化构件进行快速搭建，局部采用钢结构，达到快速响应应对疫情的需求。项目一改箱式房冰冷呆板的外表特征，建筑外立面和室内公共空间采用一系列色彩设计，利于缓解医患精神压力，方便辨识病区位置。

通过 BIM 手段设计新型智慧传染病医院，形成数字资产，并在建筑设计、施工、运行全生命周期体现价值，保障设计高效优质完成。

设计评述

本次设计任务“急、难、险、重、新”，从设计到施工总共53个昼夜，不仅解决了功能需求，而且注重了“适用、经济、绿色、美观”等条件，是短时间内完成的高效、完整的设计。

功能分区明确，防止交叉感染，提高工作效率。通过人性化病房、开敞式患者走廊、医护休息区、采光天井、建筑色彩、无障碍设计、隐性隔离、园林设计等全方面的考虑，满足人性化要求，做到“有温度”的设计。

借助 BIM 技术，控制和优化建筑与机电设备的关系，使本设计能高效、高完成度地建成。

主要设计人 • 南在国 王　佳 张　圆 宁顺利 张　豪
马永慧 师　璐 姜　薇 李春营 张东坡
李伟佳 王　帅 崔小勇 马天龙 樊　华

BIM 效果图

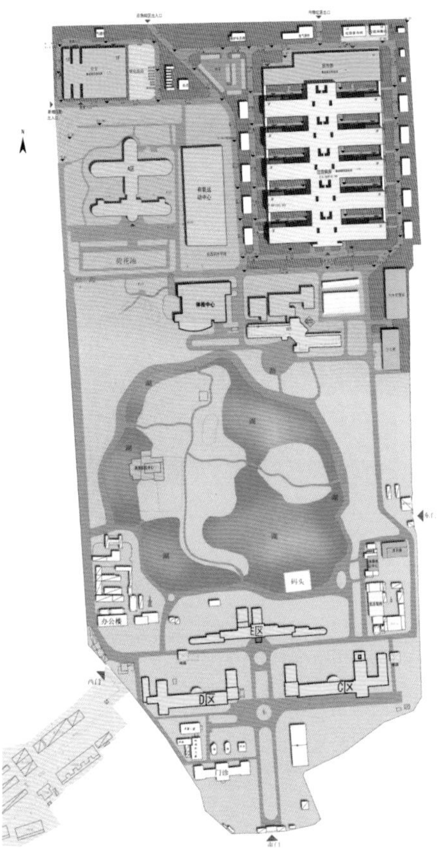
总平面图

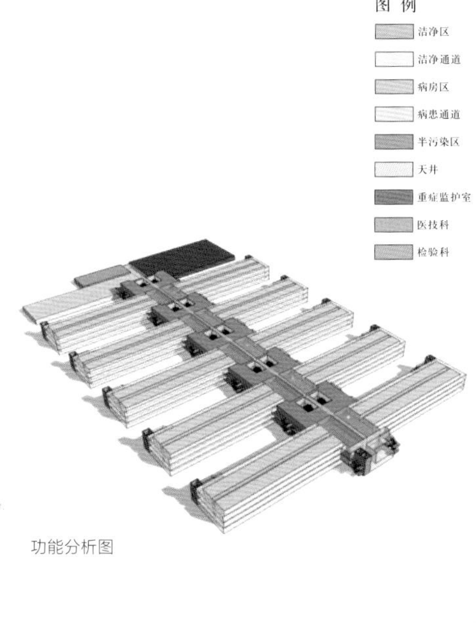

功能分析图

效果图

效果图

效果图

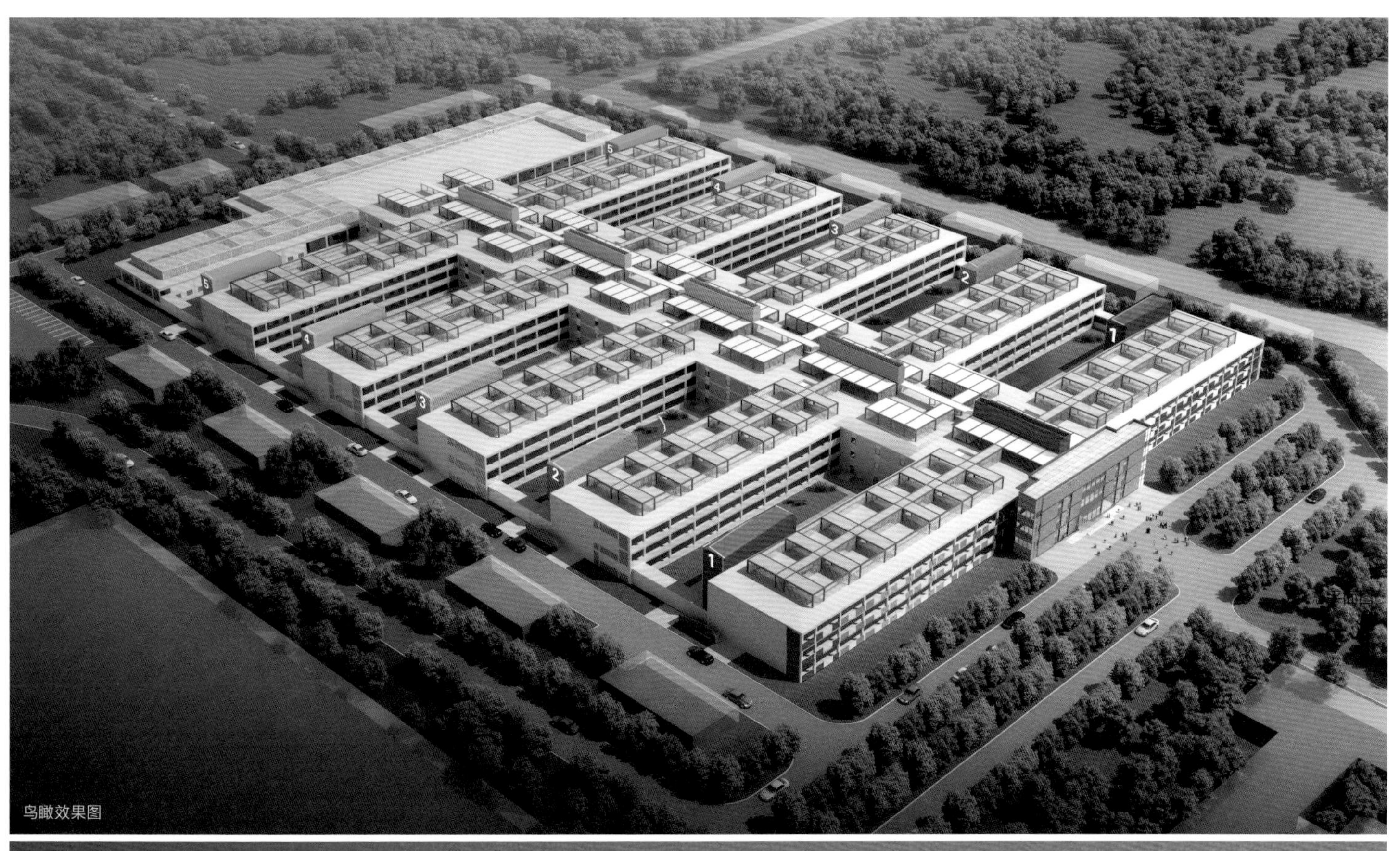

鸟瞰效果图

夜景

海口西海岸金海湾酒店

一等奖 • 公共建筑／一般项目
• 独立设计／工程设计阶段方案

项目地点 • 海南省海口市秀英区长秀片区
方案完成／交付时间 • 2019 年 8 月 10 日

设计特点

酒店主体建筑坐落于基地南侧，总建筑面积约 3.35 万平方米，以现代的简约姿态融入美妙自然环境之中。

建筑东西两翼客房地上 9 层，中部翼客房地上 4 层、地下 1 层。设计上，酒店整体布局以最大程度利用海景为设计原则，采用对称式布局，面向海面徐徐展开，可以很好地融入景观环境，同时可以分为不同楼栋进行单独管理，为后期运营提供最大的灵活性。酒店东西两翼客房九层布置 4 栋空中酒店别墅，作为酒店客房的补充。

建筑的灵感源于海南气候条件下的遮阳元素，将遮阳构件加以分型和组合，将优雅简洁的白色遮阳板、仿木质的装饰板、石材基座等元素融合，以功能性的语言表达对于当地气候及景观条件的理解，同时也极力展现了光影的相互作用。

景观设计利用潮位线退线范围，在基地上布置了 4 万平方米的开放空间和园林水景，作为自然环境的延伸，并展示酒店风格。其间流水潺潺、步道曲径通幽、林木间鸟语花香，为酒店客人营造适宜的私密度假胜地。根据建筑体量设计了三个不同主题的景观庭院，使客人同时能领略酒店内不同风格景观的配搭。

设计评述

方案作为高端休闲度假酒店，在设计上以创造独特的顾客体验为设计的核心原则，通过充分挖掘地域文化的特征、充分利用独特的自然环境资源等设计手段，体现了酒店建筑的核心价值。

方案从热带建筑的遮阳构件入手，将遮阳构件作为建筑造型、空间、立面的元素，与西海岸的其他酒店进行一定的差异化处理，突出自身地块的资源景观优势，体现了海南热带气候的滨海建筑特征，整体印象具有强烈的地域性和度假性，很好地突出了建筑的自身性质与在地特征。

主要设计人 • 杜　松　刘志鹏　谭　川　赵　晨
陈　妤　范迪龙

总平面图

庭院透视图

庭院透视图

鸟瞰效果图

沿街主入口透视图

深圳大梅沙洲仔岛海洋艺术中心

一等奖 • 公共建筑／重要项目

• 独立设计／中选投标方案

项目地点 • 广东省深圳市盐田区洲仔岛

方案完成／交付时间 • 2019 年 6 月 5 日

设计特点

项目为深圳市盐田区重要海洋地标项目，建筑面积为 1.4 万平方米，建筑高度控制在 19 米。设计方案以海洋保护为出发点，为保护岛屿生态原貌及自然海岸线，建筑主体环绕在岛屿周边，如蛟龙盘旋破水而出，守护在岛屿身侧；同时，建筑主体尽量降低高度，削弱体量，烘托自然岛屿，突出自然保护主题。建筑端部如蛟龙回首，观景台与大梅沙公园遥相对视，互为风景。

建筑内设置海洋艺术中心、海洋科学研究站、大型公共展区、餐饮区及 50 间标准客房。游客通过岸边的接待中心预约后可乘游艇抵达，沿建筑登至顶端观景平台回看海岸，再进入室内展厅游览，形成游览线路闭环。建筑主体使用楼层位于海浪区之上，顶部多变的高大空间作为公共展区，建筑与海岛围成内海空间，可在水面举办多样活动。

设计评述

方案创意体现了深圳这座海洋城市的开放、创新精神。建筑环抱于洲仔岛外围，形成大梅沙岛的对景标志，是展现海洋文化的平台。

海上建筑要落实防腐、抗风浪及应对极端天气等相关措施。除了考虑结构的安全性外，对建筑材料的性能要有针对性研究。需考虑环保措施，防止污染海洋环境。建议减量使用动力能源，使建筑源于自然，利用自然，更好地体现海洋精神。

使用功能上要考虑尽量减少废弃物，并有妥善安置条件，不向海体内排放。建筑四周为水体，要考虑消防疏散及救援的条件，保证消防安全。

主要设计人 • 马 泷 解立婕 吴 懿 杨柳青 李 艺 王欢欢 王 斌 李平原

总平面图

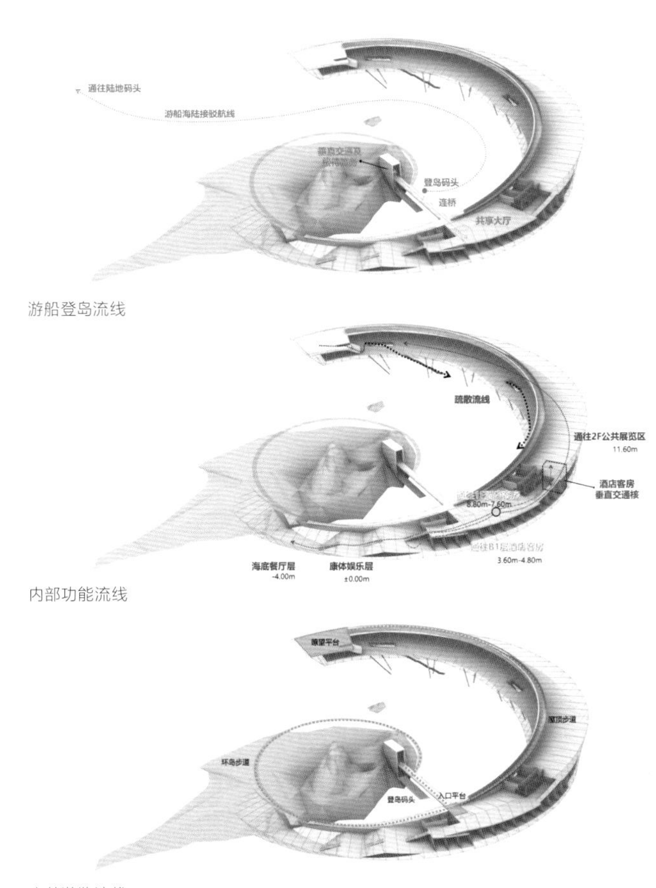

游船登岛流线

内部功能流线

室外游览流线

鸟瞰效果图

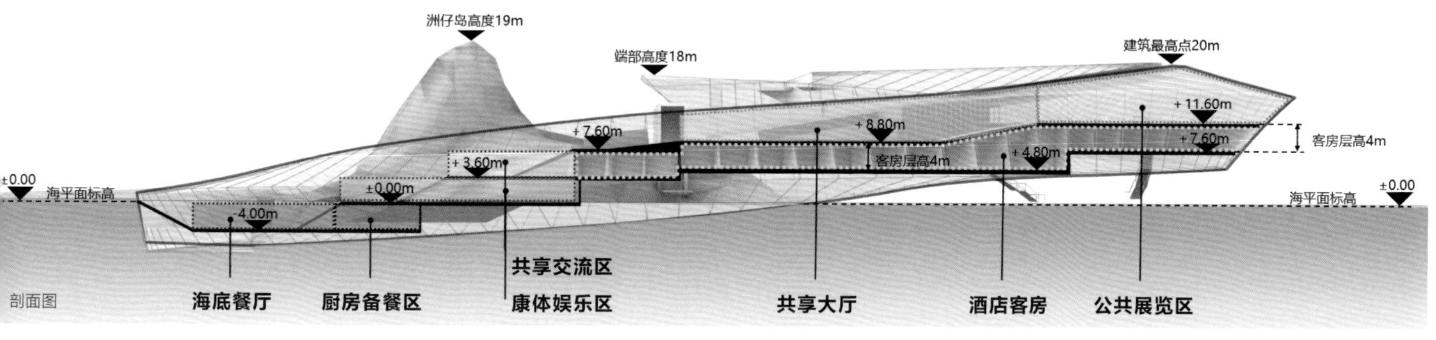

剖面图

人视效果图

博鳌亚洲论坛永久会址三期会议中心

一等奖 • 公共建筑／重要项目
• 独立设计／中选投标方案

项目地点 • 海南省琼海市博鳌镇东屿岛
方案完成／交付时间 • 2020 年 4 月 27 日

设计特点

项目选址在东屿岛东北鳌头位置，契合“独占鳌头”的暗喻，总用地面积约 8.8 万平方米，其中会议中心建筑面积为 4.5 万平方米。主体功能包括能容纳 5000 人的大会议厅、屋顶国宴厅及相应配套用房。会展中心作为会议中心的延展，考虑初期投资及未来可持续发展，与会议中心在体量上形成完整的室外布局模式。会时中外双方流线独立，互不干扰，符合国际礼仪流线需求。礼仪轴线从西侧广场开始，经由室外会展区、会议中心，到达东侧鳌头，形成迎宾礼仪序列。

会议中心整体形态与甲骨文“舟”相呼应，建筑如同一座精美的舟楫坐落于博鳌之畔。立面造型为高大门架，面对东屿岛徐徐展开，象征对外开放、协同沟通的大门，也象征着博鳌亚洲国际论坛对外开放的 20 年。造型采用象征船帆的弧形元素，弧形舒展的白石墙呈现出强烈的体量感，仿佛这艘“博鳌之舟”迎着南海的风鼓起风帆随时准备启航，象征所有成员国在这艘飞速发展的大船上，同舟共济，扬帆远航。

设计评述

作为博鳌亚洲论坛二十周年会议会场，方案设计充分响应经济、绿色、和谐的政策方针。项目选址在东屿岛鳌头，总图合理地处理了建筑场地和原有一期建筑关系，在最小程度影响岛内环境的前提下，缜密规划组织会时会后交通，实现功能上的会时联动使用。

建筑整体形态四角起翘，再现远洋巨轮的流线雕塑感，呈现大国重器的形体意向，也如停泊在三江之畔的博鳌之舟，承载着成员国协调、交流、合作的愿望，体现了会议会展项目的国家气质和地域性。

主要设计人 • 杜 松 任 蕾 谭 川 王笑竹 刘志鹏 李旭晖

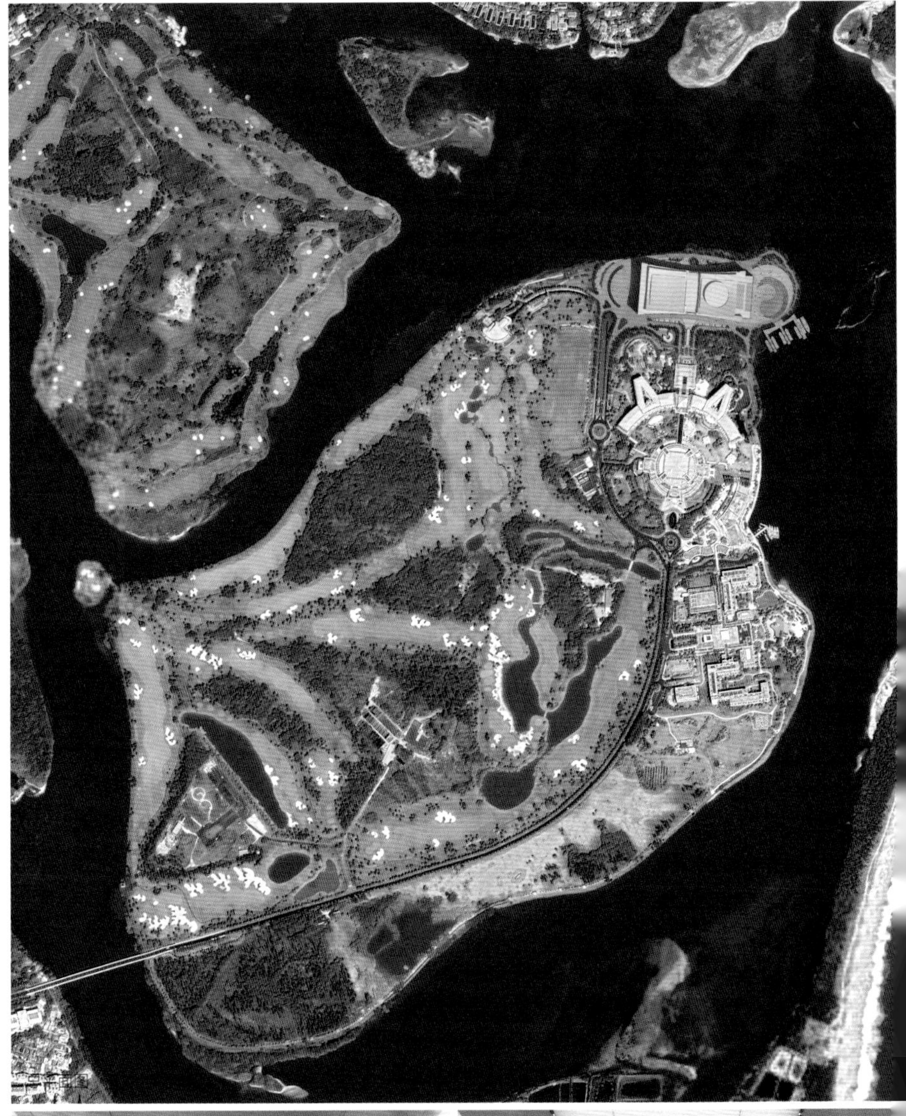

室内效果图　室内效果图

室内效果图　会展效果图

鸟瞰效果图

主立面效果图

南立面效果图

远眺效果图

北京急救中心通州部

一等奖 • 公共建筑／重要项目
• 独立设计／中选投标方案

项目地点 • 北京市通州区
方案完成／交付时间 • 2020 年 5 月 10 日

设计特点

项目为北京市急救中心两部之一的通州部，主要以调度、培训、业务办公等功能为主。总用地面积 1.49 万平方米，总建筑面积 3.5 万平方米，容积率为 1.3，建筑限高 24 米。其中，地上面积 1.9 万平方米，地下建筑面积 1.6 万平方米，设救护车停车位 50 个。

方案呼应用地形状，呈正弧三角布局，以代表急救的“生命之星”为建筑的形式动力。建筑将分散的功能合并完善成一个整体，独立出洗消功能。建筑富有标示性，内部空间各功能联系快捷。同时，方案充分考虑建筑与城市的关系，采用首层架空形式，将城市绿廊引入建筑内庭院，使二者在视觉上形成对话。

方案造型在实现整体曲线形态时，也注重考虑建筑构件标准化、模块化的可操作性。主体建筑平面的三条弧形边均为曲率、长度相等的圆弧，因此所有外立面和内庭院幕墙构件以及金属竖板构件，均可按照同一规格制作。

设计评述

方案充分分析场地条件及功能需求，采用了与地块特征高度契合的建筑形态，并将业主的实际功能需求较好地布置于其中。场地的出入口设置考虑充分，既满足急救中心对救护车快速出勤的特殊要求，又将其对城市交通影响降到最小。

立面造型现代大气，在造价控制的条件下，通过对材料、色彩及构造形式等的合理选择，保证了立面整体的视觉效果。建筑首层架空形式，使建筑内部庭院与场地外优质的景观资源形成互动，既与城市界面达到融合，又营造出方便人员活动的建筑灰空间和室内外的过渡空间。

主要设计人 • 南在国 薛 松 郑 峰 张婷婷 吴 楠 秦韶华 赵艳萍 禄 欣 张海鹏 杨留洋 吴 康 侯新元

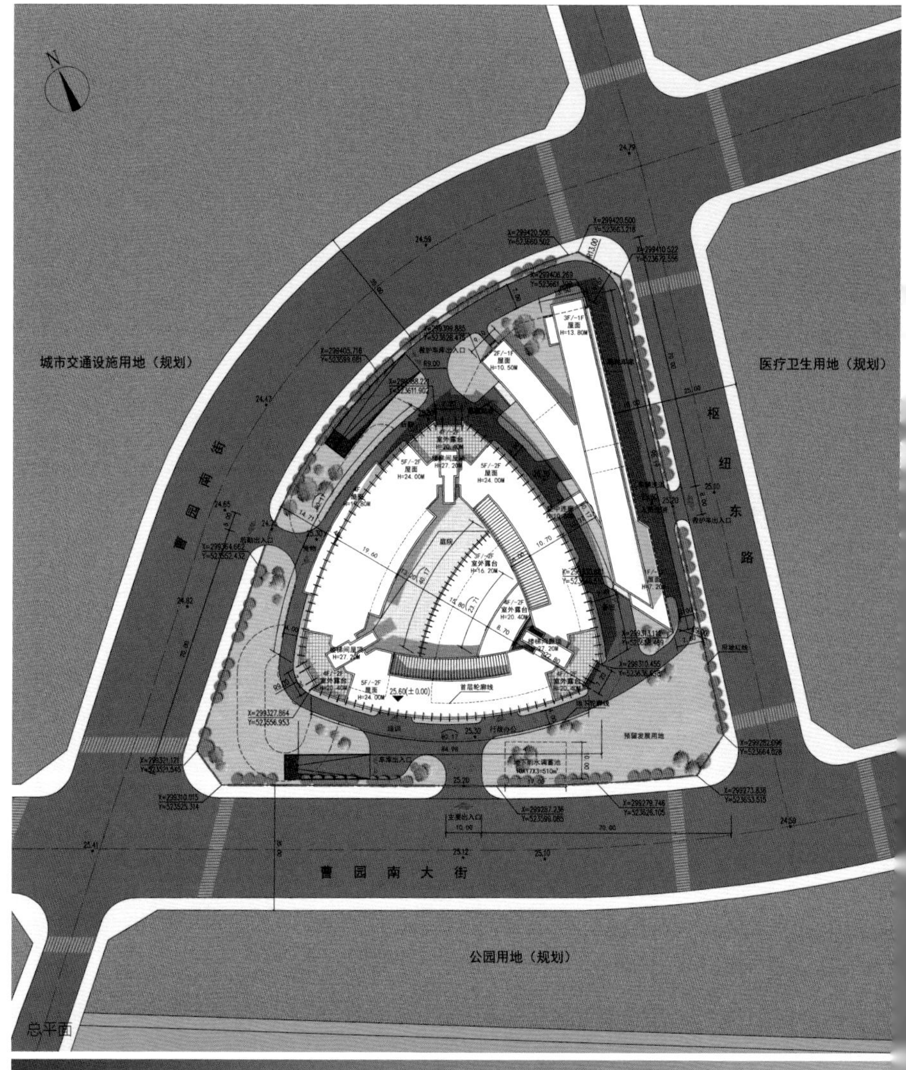

总平面

东南人视效果图

东南鸟瞰效果图

庭院效果图

西南人视效果图

歌华全媒体聚合云网络办公楼

一等奖 • 公共建筑／一般项目

• 独立设计／中选投标方案

项目地点 • 河北省三河市燕郊镇高新区

方案完成／交付时间 • 2018 年 10 月 11 日

设计特点

项目位于燕郊高新区规划路西侧，地点西距北京市区40公里，交通运输便利。项目建设用地约1.28 公顷，总建筑面积3.8 万平方米。其中办公楼地上2.0 万平方米，地下1.1 万平方米；机房楼地上0.5 万平方米，地下0.2 万平方米。主楼一层为营业大厅及其配套，主楼二层至十三层为办公区域。主楼的东西立面均开有采光井，采光井下为通高景观庭院。机房楼地上共3 层，地下1 层。

项目打破传统的办公建筑封闭、沉闷的空间形态，利用两个通高庭院，将建筑塔楼分为南北两个办公区域，北侧为租赁，南侧为自用。南北两侧分别设置两个交通核，可以实现租赁办公和内部办公流线的分离，同时每层还留有公共区域。这种形态改善了办公区域的采光、通风条件，丰富了沿街立面的效果，满足了甲方出租与自用的灵活布置要求。地下一层食堂的天井改善了食堂的采光通风条件，同时本层的室外庭院也丰富了食堂的空间与用餐环境。首层裙房西侧，主楼二、三层均设置为机房。机房布置在较低的位置有助于提高整体结构稳定性。

设计评述

项目总图布局合理，交通流线清晰。单体设计功能分区明确，建筑内部流线清晰。巧妙地利用建筑内部的交通核将建筑的自用与租赁部分分割为两个相对独立的办公区域。塔楼办公区域通过外墙的凹槽改善了建筑内部的通风与日照条件。建筑的立面风格符合甲方对办公楼外立面体现科技感的要求，首层裙房外的柱廊设计非常巧妙地将建筑首层空间室内外联系起来，独特的柱廊形式也是本设计的亮点之一。

项目地下空间布局合理：窗井改善了食堂室内环境，车位利用率高。

主要设计人 • 丁晓沙 汪大炜 樊 华 李 翔 张仔健 王成威 陈丹丹 杨 懿 孙 亮 梁 巍

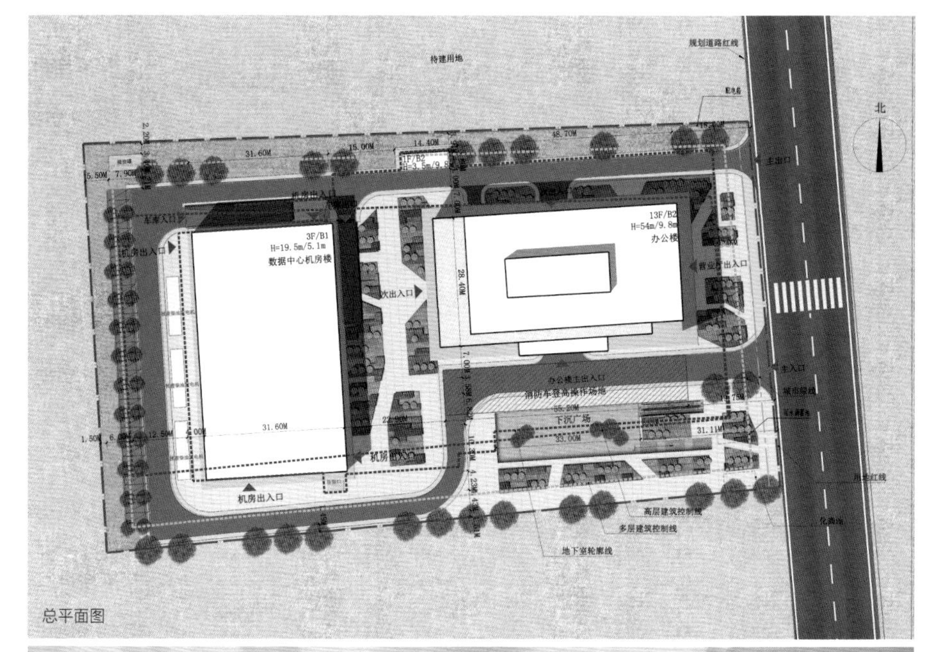

总平面图

东侧效果图

南侧效果图

东南侧效果图

夜景效果图

国际金融论坛（IFF）永久会址

一等奖 • 公共建筑／重要项目
• 合作设计／中选投标方案

项目地点 • 广东省广州市南沙新区明珠湾区
方案完成／交付时间 • 2019 年 9 月 20 日

设计特点

国际金融论坛（IFF）永久会址位于广州市南沙新区明珠湾横沥岛尖，用地面积约 20 万平方米，总建筑面积约 23.8 万平方米，主要功能包括国际会议中心、服务酒店及政要公馆。

方案以“木棉花开、鸿翔海丝”为设计理念。主体建筑采用现代的手法来表现岭南的文化，形成了抽象的“木棉花”建筑形态。建筑造型优雅灵动，远看恰似迎风绽放的木棉花，瓣瓣不同，却瓣瓣同心，体现花城之美，寓意“汇聚湾区之心、花开富贵吉祥”。除“木棉花”的标志性文化符号外，建筑临江立面造型宛如展翅欲飞的鸿鹄，犹如联接远方的信使，如海丝般将中国与世界联系起来，兼具“世界眼光、中国气派、岭南特色”。

国际会议中心采用建筑、结构、幕墙一体化的随形设计，在考虑经济性及可实施性的基础上，实现最佳的建筑造型效果。东侧立面通过 PTFE 膜及内侧玻璃幕墙的双层幕墙构造形式，很好地满足了遮阳、防雨、通透的需求，突出了地域性；西侧立面选用 UHPC 超高性能混凝土的新型材料，通过参数化的局部开洞，形成主入口庄重、整体的形象，同时有效缓解西晒高温，实现建筑的绿色生态节能效果。

设计评述

本案将举办会议的基本功能与具有标志性、形象性的功能相结合，把握了广州地域性特征，又采用了海洋飘逸的元素，用现代的手法来表达岭南的精神。

总体布局恰当，与城市、山水轴线有对话，将横沥岛与滨海环境结合得比较好，形体生成自然；采用建筑、结构、幕墙一体化的随形设计实现建筑造型；政要公馆的位置布局需充分考虑其私密性，不与会议中心产生干扰。

主要设计人 • 黄　捷　李敏茜　余彦睿　吕敛江　汤颖茵
徐梓钧　赵海斌　刘嘉旺　蔡友源　邝杨喜
杨雪环　徐洪量　刘玮婧　叶曼蓉　赵佳华

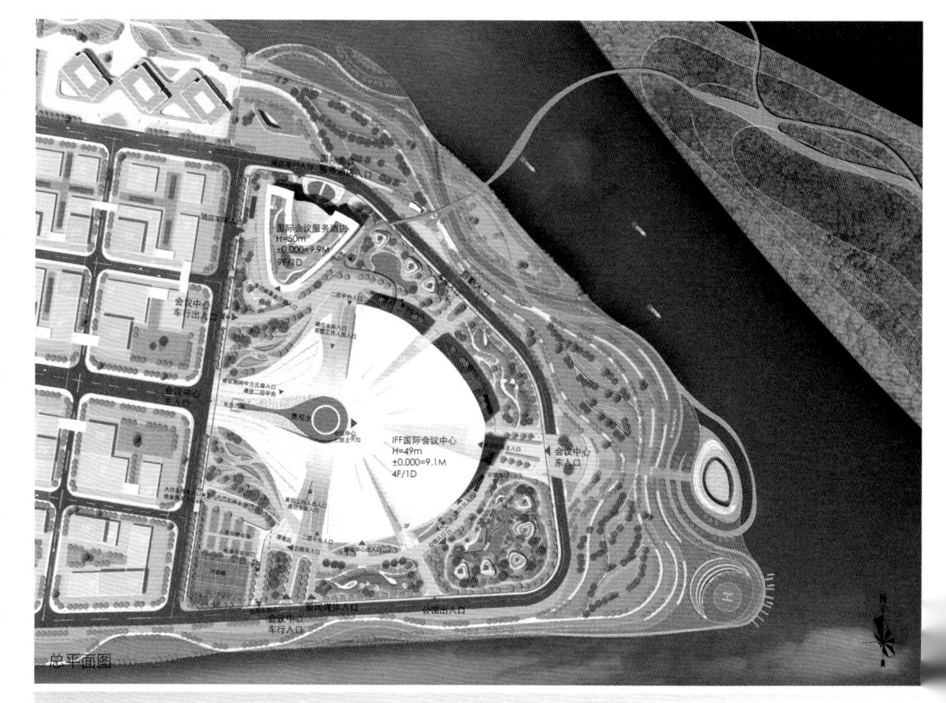

总平面图

日景鸟瞰图

主立面效果图

主入口效果图

东立面效果图

酒店夜景效果图

建筑“船厅”室内效果图

夜景鸟瞰效果图

景德镇凤凰国际会议中心

一等奖 • 公共建筑／一般项目
• 独立设计／非投标方案

项目地点 • 江西省景德镇市
方案完成／交付时间 • 2020 年 6 月 12 日

设计特点

项目地块位于景德镇市浮梁县 897 厂区旧址内。897 厂区旧址位于景德镇市浮梁县北部的丘陵地带，西临昌江，南部靠县道 X096 与外界联系。项目用地依山傍水，昌江从场地西侧穿流而过，场地周围是风景绝佳的浅山丘陵，植被葱郁。

项目定位为世界传承者大会永久会址，世界传承主题文化中心，世界传承艺术的朝圣地。作为瓷器之都重要的城市节点，及陶艺文化传承的重要场所，项目设计遵循标志性、适应性、协调性三原则。总体布局强调整体形象的同时，注重与自然景观相融合。

论坛主会场的建筑形象以蟠龙和龙窑作为设计雏形，建筑似匍匐于大地之上，与起伏的坡底形成了良好的对话关系，也营造了极具标志性的空间场所与建筑形象。论坛整体与地形有机地融合之后形成了放射状的地景建筑群体，犹如展翼欲飞的凤凰，以开放包容的姿态迎接八方宾客。

设计评述

方案以功能与自然景观相融合为理念，结合现状设计临水景观的同时考虑泄洪等方面因素，用现代主义风格将项目打造成有人气、有文化、有温度、有情感链接的情景体验国际会议中心。

方案充分尊重现有地形地貌，采用以城市设计引导规划设计的方式，较好地塑造了片区形态特征，结合具体落地项目对用地功能、公共服务配套、道路交通组织、市政设施统筹等提出了落地性较强的建筑设计方案。

主要设计人 • 吴　晨　段昌莉　马振猛　杨　帆　赵　斌
王　斌　吕文君　刘　刚　郑　天　施　媛
伍　辉　孙　慧

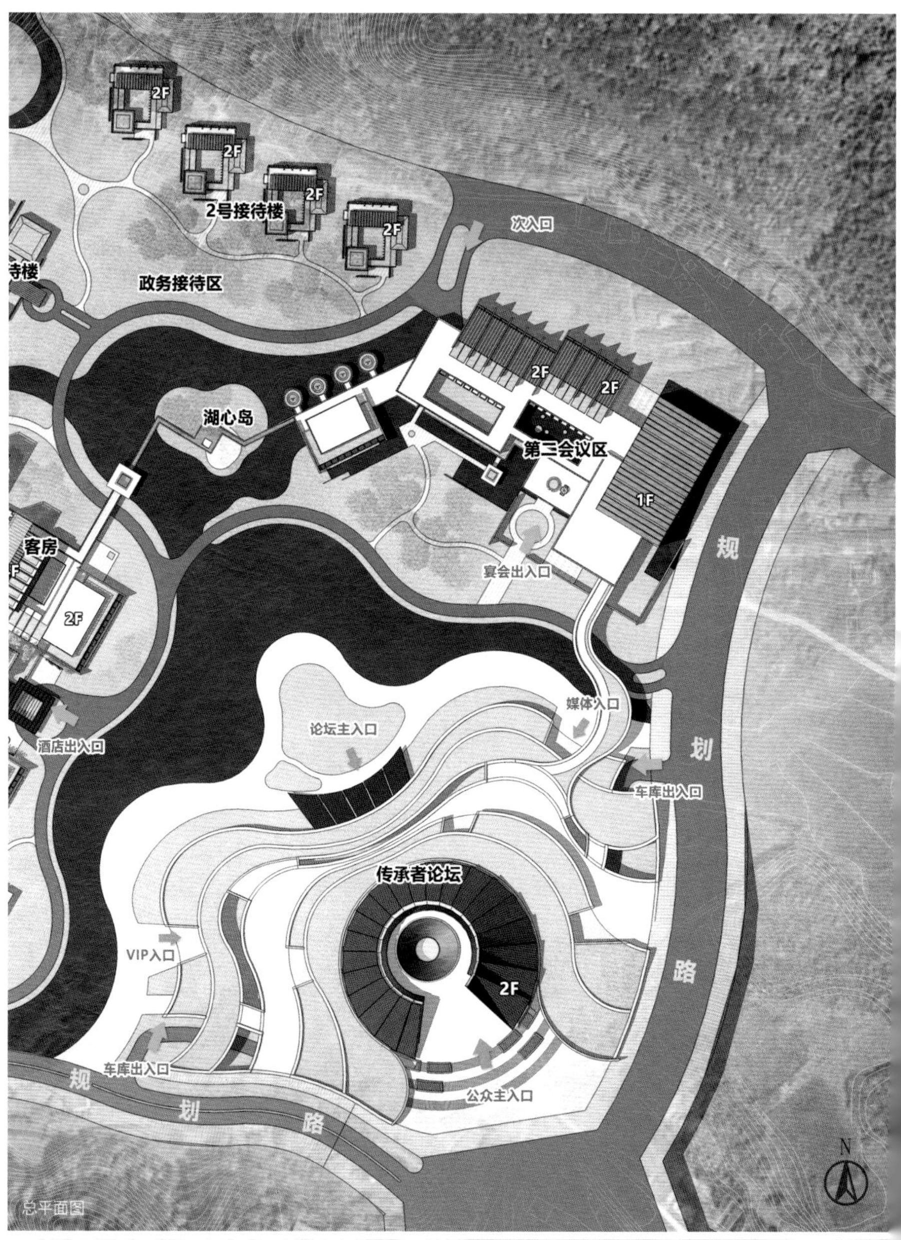

总平面图

鸟瞰效果图

会议中心人视效果图

会议中心人视效果图

鸟瞰效果图

成都 101 文化综合体项目 国宝剧场

一等奖 • 公共建筑／一般项目
• 独立设计／非投标方案

项目地点 • 四川省成都市成华区
方案完成／交付时间 • 2020 年 2 月 29 日

设计特点

项目为多功能复合型文化综合体，充分融入自然环境，保留基地内原有树木，延续现有铁路等景观设计要素，做到院中有景、景中有院。建筑外观延续红砖、混凝土等工业风格元素，以延续区域文脉。建筑首层架空，使人们能够自由穿越，解决大体量建筑和环境需求之间的矛盾。建筑成为公园与城市、不同地块之间的“连接器”。

在场地北侧和南侧设置下沉广场，地下一层通过半室外通道连通，通道两侧布置文化设施用房。场地西侧临近外墙处为主要机房区，场地东侧为厨房区。主舞台台仓下方为 400 座小剧场及配套的化妆间等辅助用房。

首层为清水混凝土十字拱空间，设置有剧场门厅、文化设施用房、多功能厅、乐池基坑及运景升降平台等功能；贵宾门厅、培训门厅、演职人员门厅也设置在首层。

二层及以上各层以舞台为中心布置，以台口为分界分为南北两大功能区，台口南侧为 1200 座剧场的观众区域，台口北侧为舞台、后台、培训和配套商业区域。

设计评述

设计从建筑与城市的关系出发，以场地内现有文脉元素作为体形生产依据，以区域特色的工业风格作为立面选材依据。通过体型、平面以及景观设计等多种手法，尽力弱化建筑与景观的边界，使建筑与公园开放空间融合在一起，成为吸引市民活动的活力场所。建筑内除必需的演出空间外，布置了大量全时段共同使用的文化商业活动空间，使剧场摆脱“文化孤岛”的限制，成为全天候的市民文化生活“聚集地”。

主要设计人 • 胡　越　游亚鹏　陈　威　陈　寅　梁雪成
倪晨辉　王小龙

总平面图

沿街透视图

庭院透视图

下沉庭院透视图

首层室外空间透视图

北京未来设计园区

一等奖 • 公共建筑／重要项目
• 独立设计／非投标方案

项目地点 • 北京市通州区
方案完成／交付时间 • 2020 年 4 月

设计特点

北京未来设计园区（铜牛地块老旧厂房改造项目一期）位于北京市通州区张家湾设计小镇，北侧与城市绿心相接，西侧邻近张家湾古镇和北京环球影城主题公园及其所在的文化旅游区，东侧靠近大运河，南侧毗邻广阔的大尺度绿色空间。一期规划设计范围为厂区北侧部分，包括办公楼、成衣车间、食堂、3 栋建筑及周边景观，总建筑面积为 1.34 万平方米。

设计延续场地文脉，保持原厂区的空间结构，将其作为基础进行提升改造，在原厂区空间结构基础上，根据现状特点，梳理场地秩序，形成广场群。每个广场均被赋予不同的主题与功能，分别为：艺术展广场、铜牛广场、中心广场、休闲广场、入口广场和礼士文化广场。

项目结合场地和建筑现状，保留原有主体结构，巧妙运用多种工业元素，将三栋建筑分别改造为具有展示功能的办公楼、在花园中办公的成衣车间和共享开放的街区食堂。运用“花园中办公”的理念，室内外空间一体设计，将厂区打造成花园式文创设计园区。从园区到室内形成室外、半室外、室内的空间递进层次，形成有活力的多样化公共空间。

设计评述

方案从城市角度完善、补充上位规划：通过对办公楼和食堂底层架空，实现了西侧城市绿脉和东侧创新活力轴之间、北侧艺术展广场和南侧铜牛广场之间环境空间的连接，并创造出双向视觉通廊，将设计园区与城市紧密结合在一起。

结合园区现状场地记忆及雨水调蓄设施，营造一个健康、功能齐全、便利、生态的景观化海绵城市设计园区，力图打造一个海绵城市综合利用与示范展示平台。

主要设计人 • 胡　越　游亚鹏　马立俊　杨剑雷　郭宇龙
卜　倩　孙冬喆

办公楼北立面效果图

办公楼南立面效果图

成衣车间南立面效果图

西北鸟瞰效果图

成衣车间西立面效果图

食堂东立面效果图

食堂北立面效果图

北京城市副中心家园中心 C1、C2、C3 地块行政办公楼

一等奖 • 公共建筑／重要项目

• 独立设计／非投标方案

项目地点 • 北京市通州区

方案完成／交付时间 • 2020 年 5 月 27 日

设计特点

项目为行政办公建筑综合体，位于北京城市副中心，东至六合东三路，西至六合西路，南至潞苑南一街，北至六合北三街。总建筑面积 31.1 万平方米，其中地上建筑面积 19.5 万平方米，地下建筑面积 11.6 万平方米，建筑高度 59.1 米。

建筑包括行政办公和商业功能，分别设置独立门厅及交通流线。各地块组团均采用 U 形院落式布局，建筑平面采用模块化办公模式，经济合理；结构采用钢结构装配式体系。建筑首层、二层设置沿街商业，三层以上为行政办公功能，形成商业办公一体化的综合模式，各组团院落设置两个开口供人流穿行，营造产居一体的开放式街区。

方案打造一体化交通体系，形成TOD多维立体的交通模式，加强核心区四个地块之间的相互连通。在每个地块街角设置地铁站出入口下沉广场，地铁通道与各地块商业空间、办公功能交通筒相联通。

设计评述

项目采用了院落式的总图布局方式，将建筑的制高点布置在沿主要城市道路一侧，符合副中心对行政办公区的总体规划要求与城市导则的相关要求。方案设计对行政办公功能与裙房及地下的商业功能做了深入的研究，交通流线设置合理，两者之间既能实现相互联通，也能保持相对的独立，尽量避免了商业对行政办公的干扰。

在潞苑南大街和六合东路交汇处远期规划有地铁站点，结合地铁站点以及商业、办公功能，为 TOD 一体化设计预留了建设条件，设计兼顾了近期建设与远期发展。

主要设计人 • 叶依谦 段 伟 于 洋 侯 婕 刘雅婷 刘 智 龚明杰 赵元博 贾文夫 李飏飏 孔维婧 陈禹豪 万 千 林天海 杨力吉

总平面图

东侧鸟瞰效果图

空中连廊透视效果图

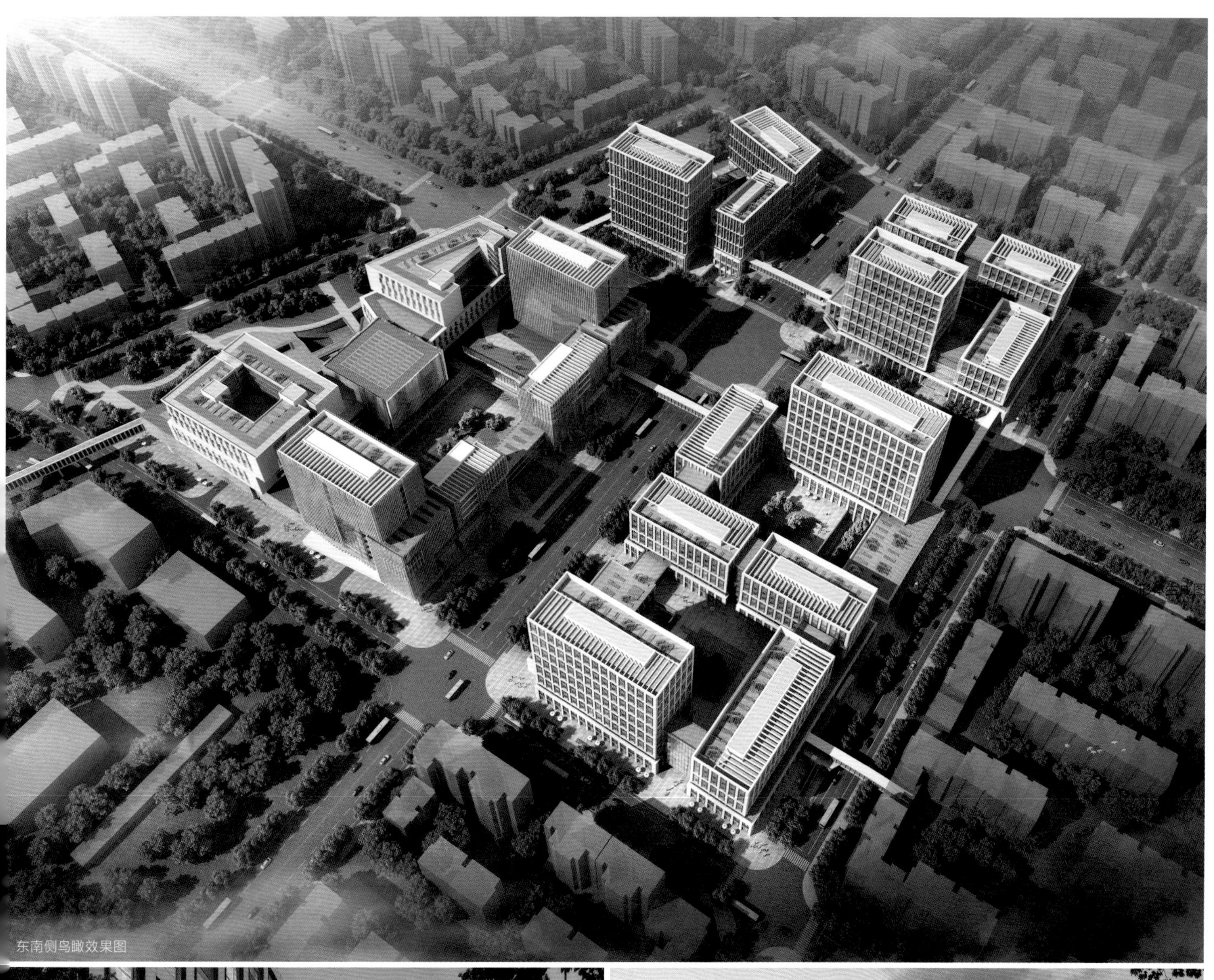
东南侧鸟瞰效果图

C3 地块西南人视图

C2 地块西南人视图

张家湾设计小镇规划

一等奖 • 公共建筑／重要项目
• 合作设计／非投标方案

项目地点 • 北京市通州区
方案完成／交付时间 • 2020 年 1 月 1 日

设计特点

张家湾镇位于北京城市副中心南部，总面积约 105.3 平方公里。项目规划采用“毯式街区”的老工业更新模式，塑造和谐有序、活力多元的城市风貌，完善区域协同、以人为本的交通网络，系统阐述了区域城市设计体系。

设计通过控制小镇高度，塑造整体舒缓的天际轮廓线，预留“行政办公区—城市绿心—设计小镇—生态绿地”视线廊道，建筑整体按24~36米高度控制。严控城市绿心沿线建筑高度、天际线与绿化格局，形成绿化环抱的沿城市绿心展开的特色风貌。

设计提出基于存量条件发掘工业园区自身魅力，整理发掘园区的肌理结构、特色空间、绿化景观、存量建筑、风貌特征等要素。在空间尺度营造方面，针对园区大跨厂房的特征，更新注重尺度控制，适度削减工业建筑过于巨大的体量，寻求更加怡人和谐的空间氛围。在广场空地绿化景观营造方面，通过大规模的整合提升，形成自然有机的公共空间群落，以齿状绿地、毯式街区为特色，塑造友好亲和的广场空间。在存量建筑更新方面，因地制宜，尽量保留原有的空间、风貌特质，让老建筑焕发出新的生机，将轻工业的建筑风格与现代科技现代设计结合，形成了特色鲜明、有机和谐的建筑风格。

设计评述

规划编制从城市副中心11组团及设计小镇、设计小镇启动区、重要节点三个不同空间尺度展开系统研究，逐步形成一批规划设计、专项规划、专题研究和设计导则，最终汇总形成多层次推进、多专题支撑、多节点示范的综合成果。

规划坚持世界眼光、国际标准、中国特色、高点定位，按照建设“设计小镇、智慧小镇、活力小镇”的要求，深入开展产业研究，着力打造国际一流、创新示范、富有特色的设计小镇，为承接中心城区优质设计资源夯实基础；坚持高质量发展，突出蓝绿交织、水城共融、文化传承的城市特色，充分利用周边良好生态环境，提升区域绿化水平和公共空间品质，深入挖掘现有工业遗存资源，加强城市设计和精细化引导，塑造具有地域特色的设计小镇城市风貌；坚持以人民为中心，结合功能布局科学配置各类资源要素，推动组团中心和家园中心建设，提高城市精细化管理水平，让生活在这里的人们更有获得感、幸福感、安全感；坚持问题导向，从梳理张家湾工业区现状地上物情况入手，聚焦 70 公顷启动区和部分重要节点，创新实施路径，完善配套政策，探索副中心国有存量用地改造的新模式。

主要设计人 • 黄新兵 吴英时 杨 苏 吴 霜 王子豪 王新宇 袁晓宇 屈振韬 刘力萌 栾鑫垚 曹敬轩 邹啸然 谢安琪 吴越飞 石 华

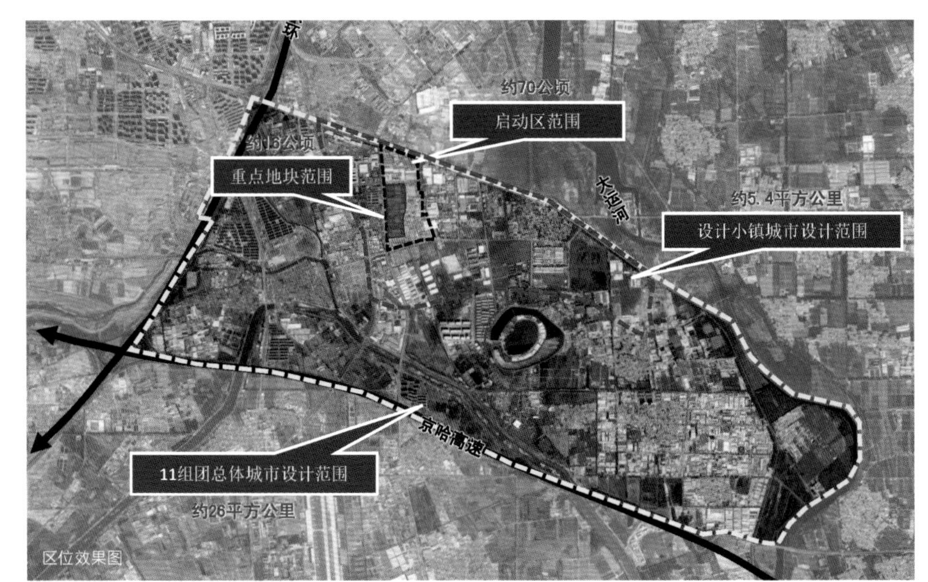

区位效果图

节点效果图

节点效果图

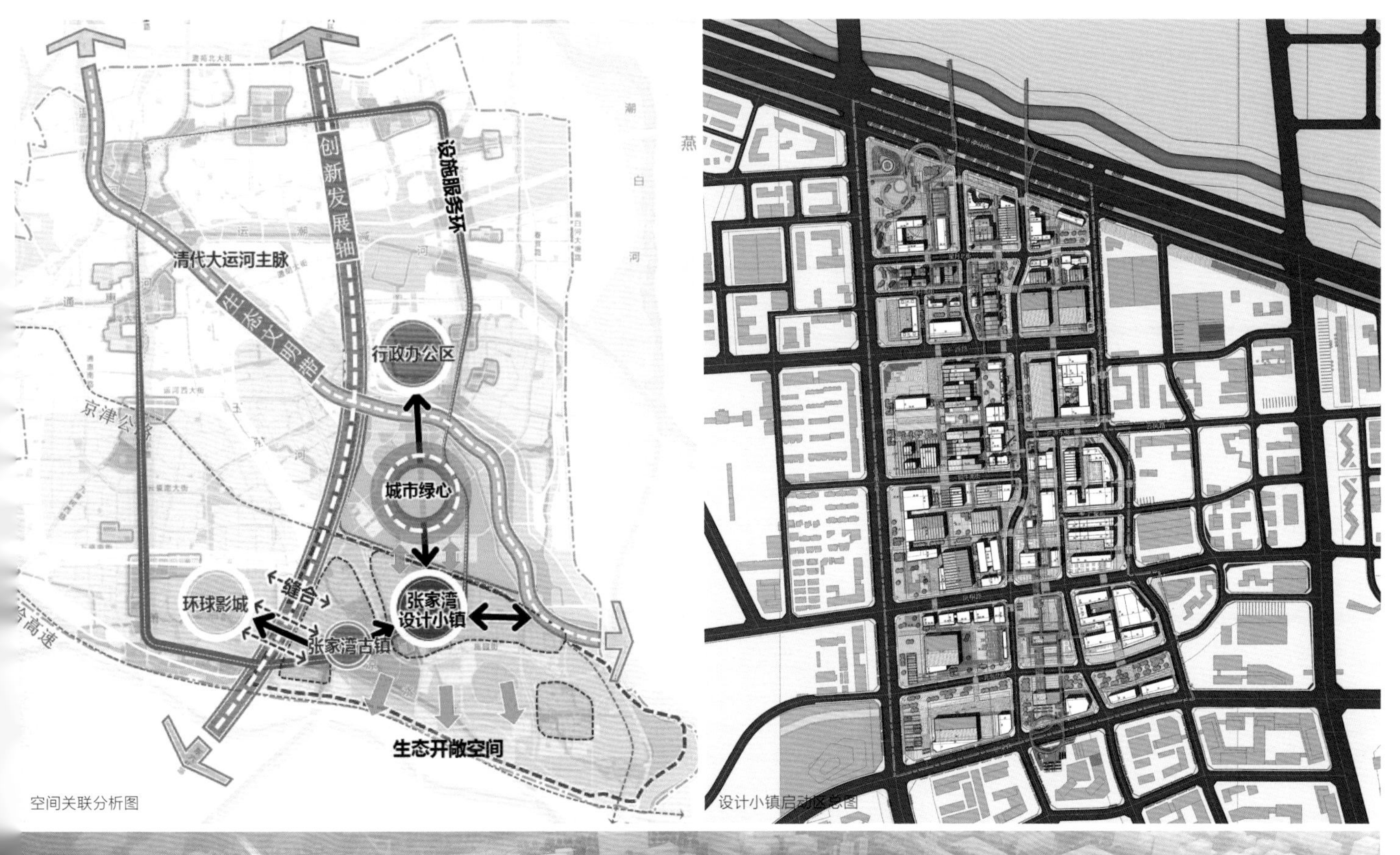

空间关联分析图

设计小镇启动区总图

乌瞰效果图

国家速滑馆室内设计

一等奖 • 室内设计 / 重要项目
• 独立设计 / 非投标方案

项目地点 • 北京市朝阳区
方案完成 / 交付时间 • 2019 年 11 月 15 日

设计特点

国家速滑馆“冰丝带”坐落于北京奥林匹克森林公园北端，为 2008 年奥运会兴建的建筑群添加一座新的永久性场馆。

这是一个关于“速度”的设计，冰和速度结合为“冰丝带”。速滑馆场心与看台形成完整包裹的空间，为运动员和观众提供适宜的室内空间。建筑外表面采用水平线状构图，形成自由的立面；一系列平行的线状杆件围绕整个建筑，通过构件粗细和间距的变化，调节立面的虚实效果。

室内沿用“冰丝带”的概念，保持了空间整体性，设计通过色彩作为体现冰丝带的主要元素，配合冰丝带艺术装置，为观众及运动员带来一个具备体育精神的、兼附文化特色的公共空间。

设计评述

项目积极响应“适用、经济、绿色、美观”的基本方针政策，定位绿色、节能的示范性建筑。在绿色可持续发展方面采取先进的技术手段、采用环保材料实现绿色建筑的设计要求，最大限度地节约资源。

室内设计延续了科技、现代、简洁的元素语言，配合使用功能要求，分区域进行设计，把控主体风格，满足赛时、赛后的各种需求，塑造充满现代科技感的运动空间。采用全专业配合的团队协同模式，为国家速滑馆内部空间塑造出完整的生态体系。

主要设计人 • 张 晋 臧文远 张世宇 周 晖 邹 乐 江 科 杨 明 朱兆楠 王 芳 李 刚 宿永昌 孙艺晨 张思瑞

运动员入口

新闻发布厅

混合采访区

比赛大厅

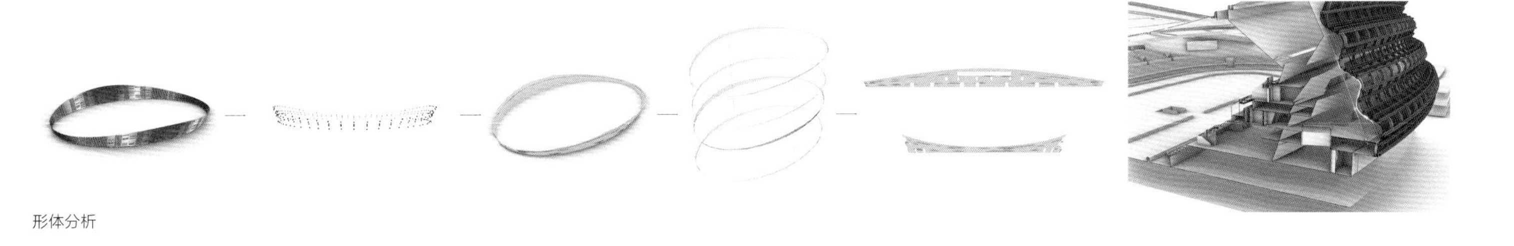
形体分析

观众大厅

观众大厅

青岛市城阳区亚洲杯足球比赛场地（方案一）

一等奖 • 公共建筑／重要项目
• 独立设计／未中选投标方案

项目地点 • 山东省青岛市城阳区
方案完成／交付时间 • 2020 年 6 月 1 日

设计特点

青岛市城阳区亚洲杯足球比赛场地项目位于青岛市城阳区，用地面积约 16.4 公顷。本项目研究范围为黑龙江路以西、文阳路以南、青银高速以东、白沙河以南约 8.8 平方公里区域。

在总图构成、景观设计、看台色彩构思中，融入了“海浪”的设计意向。建筑主体造型通过两条连续律动的曲面，营造出飘逸、灵动的建筑形态，如同两只海鸥在空中飞翔、追逐。设计将羽毛的意向融入建筑表皮，通过阵列扭转的铝型材，产生光影变化丰富的“羽毛”的感觉。

造型既与“海之鸥”的设计意向相呼应，又营造出一个与众不同的专业足球场的建筑形态。设计克服了封闭造型的专业足球场带来的形态相近、各向视觉感受雷同的乏味感，同时也避免了立面表皮全包裹带来的无实际功能的浪费。“蓝色的海浪”与“白色的海鸥”紧紧地嵌套、融合，整体营造出一个与众不同的“海之鸥球场”。

设计评述

本项目方案创作与青岛当地海洋文化高度契合。在创作过程中实现了将建筑造型的独特性、属地文化的匹配、球场的专业性、运营的合理性与灵活性、整体的创新性、结构和成本的可控性有机结合，为青岛打造了一个独具特色、专业全面、灵活易用、易建经济的地标性专业足球场。

方案体现了通过经济性手段实现创新性造型的设计理念。方案形象新颖但结构形式常见，避免了因技术复杂带来的经济浪费，开放的立面削弱了传统大型体育建筑巨大的体量感，整体形象更加轻盈飘逸。

本项目结合青岛气候条件和建筑内部功能需求，将建筑立面开放化处理，这种开放型立面是国内大型体育建筑立面处理方式的新的尝试。

主要设计人 • 付毅智 乌尼日其其格 张嘉辰 马新程 林小莉 柳亦庄 高禄佩 闫 庆 陈晓民 邓志伟

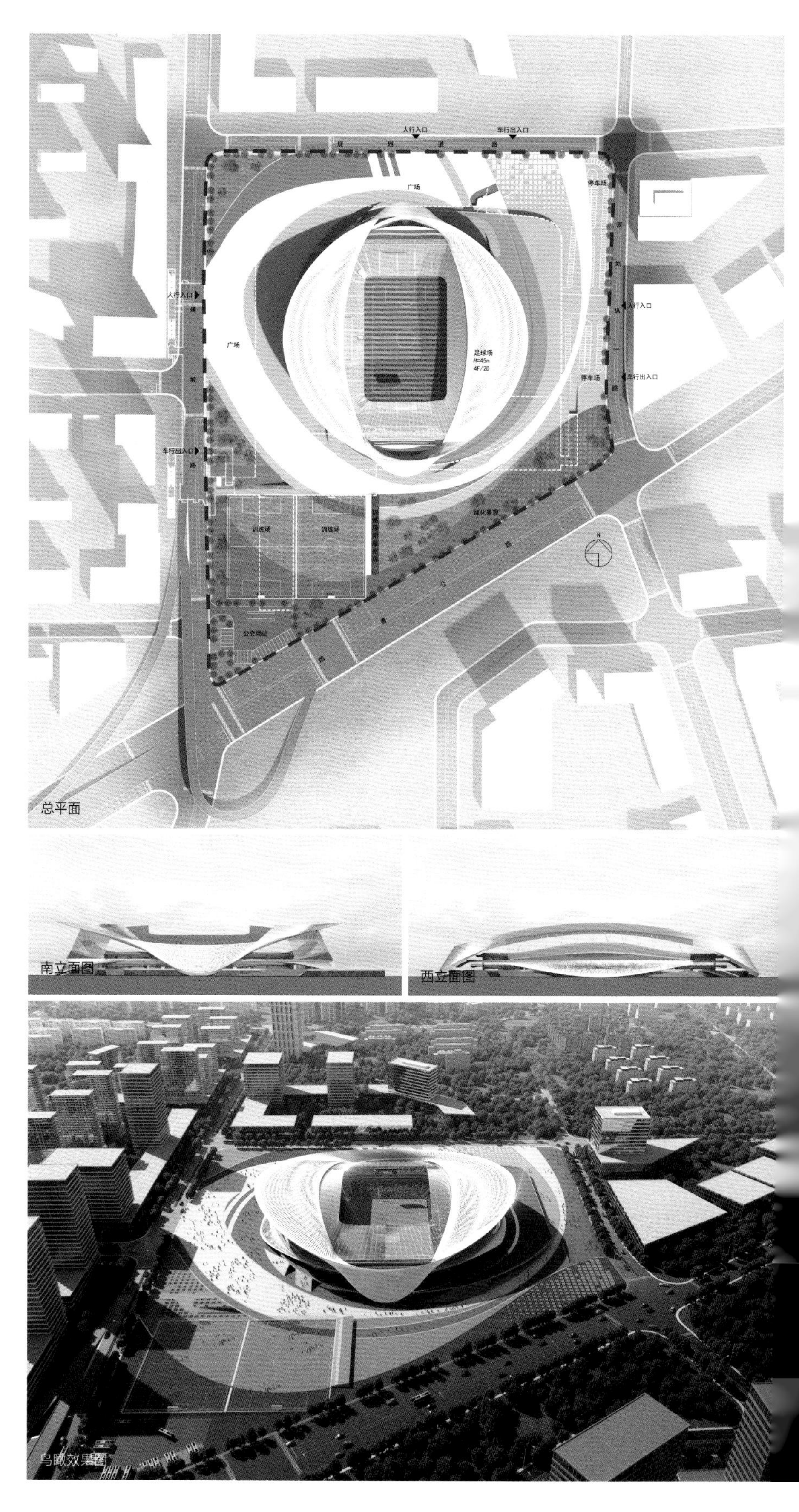

总平面
南立面图
西立面图
鸟瞰效果图

人视效果图

观众厅效果图

内场效果图

鸟瞰夜景效果图

合肥新桥国际机场 T2 航站楼

一等奖 • 公共建筑／重要项目
• 合作设计／未中选投标方案

项目地点 • 安徽省合肥市肥西县高刘镇
方案完成／交付时间 • 2020 年 3 月 24 日

设计特点

合肥新桥国际机场 T2 航站楼规划建筑面积约 35 万平方米，满足每年 3000 万人次旅客吞吐量的处理需求。方案秉承简洁清晰的总体规划思路、灵活高效的空侧机坪布局、合理的航站楼规模，实现整体运行高效、旅客步行距离短、建筑形态舒展的效果，符合高度协调的场前陆侧规划、多元化的场前区开发规划以及多层次的场前区景观规划的原则。

项目采用大港湾、三指廊的构型，为航站楼带来 68 个近机位，比需求多出 11 个，使用近机位登机桥的旅客可达 95%。机场整体构型具有诸多亮点：综合交通中心与 T2 航站楼、T1 航站楼及远期 T3 航站楼距离适中，整体性最佳；轨道线位完全避开航站楼，且轨道站点与综合交通中心位置适宜，可兼顾各航站楼；陆侧开阔完整，有利于陆侧交通组织及陆侧商业开发；实现空侧大港湾及良好的站坪连续性；航站楼与滑行道、南垂滑关系紧密、运行效率高；近机位数量多；应对国际旅客逐步增长的适应性强；实现航站楼与综合交通中心的无缝衔接；实现了多元组合的商业布局。

楼内功能分区明确，国内混流、国际分流，三个楼层关系简洁，出港高架高度适度。非对称主楼的大进深区域布置国际功能，国际可扩展幅度大，功能转换简单、建筑改造需求小。设计以点线面结合的方式合理分布空陆两侧、进出双向、国内国际商业服务设施；充分考虑机场新技术应用，在值机—安检—联检—登机口—行李系统等环节留有充分发展余地。

航站楼与综合交通中心环“湖”而建，围合而成的群体空间形象，是对徽派建筑“四水归堂”的现代演绎，在外部形象与内部空间处理上贯穿了理性现代、简洁优雅的设计理念，彰显合肥作为国家创新高地的人文活力。

设计评述

设计方案规划布局合理，在现状 T1 航站楼形成良好的场前空间，并为远期发展预留了良好的条件。T2 航站楼位置、航站楼构型充分考虑了空陆侧用地及总体容量的平衡，站坪组织高效顺畅，航站楼构型集约，近机位数量多，国内与国际分区合理，与构型有相对应的空间关系。陆侧综合交通组织简洁、清晰、合理，突出了 GTC 的核心中转位置，商业价值最大化利用。航站楼建筑方案平面流线合理，航站楼整体形象舒展有力、简洁现代，又具有鲜明的地方特色。

主要设计人 • 王晓群　李少琨　李树栋　吴　迪　胡宵雯
王　槟　郗晓阳　任　杰　周心怡　吴中群
庞岩峰　谷现良　穆　阳　范士兴　王鲁丽

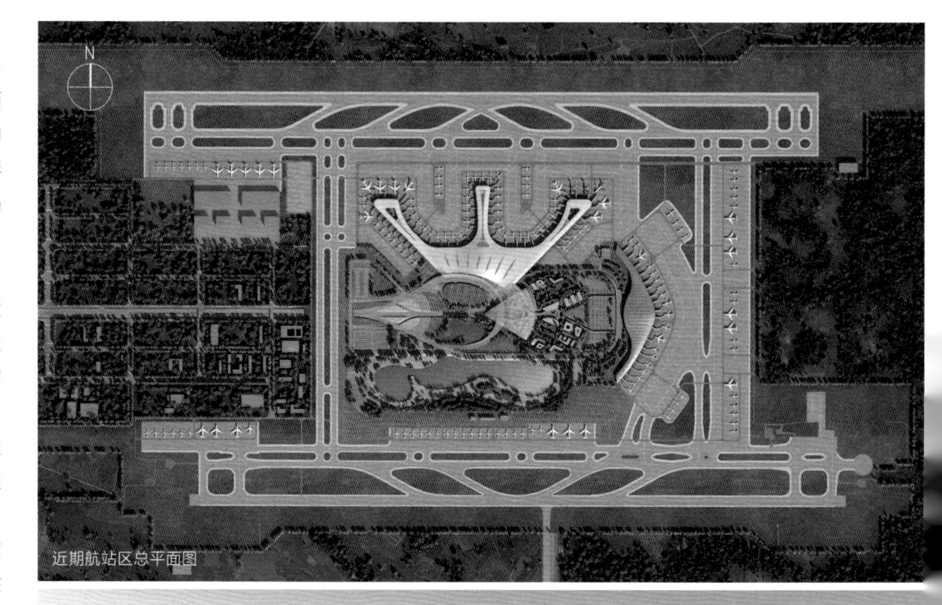

近期航站区总平面图

近期航站楼湖景图

近期航站区夜景鸟瞰图

近期航站区鸟瞰图

航站楼入口空间

指廊集中商业区及候机区

综合交通中心大厅

远期航站区鸟瞰图

北京植物园新建展览温室

一等奖 • 公共建筑／一般项目
• 独立设计／未中选投标方案

项目地点 • 北京市海淀区
方案完成／交付时间 • 2019 年 9 月 23 日

设计特点

随着社会发展进入新时代，人们对美好生活的需要已经成为最迫切的社会需求。方案通过深度研究园区规划结构和用地现状，在温室景区的总体布局设计中找到三大策略：

一，丰富展览空间。新的温室应打造一个具有开敞、通透的视野和高度灵活性、包容性的展览空间。

二，激活温室景区。方案利用空间较为局促的南部用地，作为室外空间的连接枢纽，将新老温室连通起来，激活完整的温室区游览流线，优美的景致、特色的温室建筑，让这里可以为园区增添更为多样的社会活动。

三，新生于旧。新温室顺承场地布局的特点，注重补充、更新、激活温室景区，而不是力求成为“新的主角”。

建筑平面布局选择完整且匀质的圆形平面，以及相对简洁低调的几何球体，借助与现状地形的有机结合以及大地景观的整体设计，与周边环境和谐相融，与现状建筑脉脉相处。

在满足结构合理性的基础上，建筑形象结合温室功能需求，在表面形成多个“层次”。再通过对建筑表皮的深化设计，加入自然的动态美感，仿佛是枝叶之上含苞待放的花朵。

设计评述

本方案力图综合利用规划用地，通过开敞的视野、丰富的高差、巨大的跨度，为未来的布展和融合社会活动的多功能使用预留条件，让业主更好地展示利用自身的植物科研成果，植物园可以给市民提供更好的公共活动平台。

建筑造型以简洁现代的形式语言体现时代精神，并与老馆产生对话关系。细部造型借鉴从自然植物花朵、果实的层叠生长的动态形式语言，给温室景区带来新的活力和未来。

主要设计人 • 徐聪艺 孙 勃 安 聪 王 霞 卢子愈
王富丽 马昕明

鸟瞰效果图

鸟瞰效果图

人视效果图

人视效果图

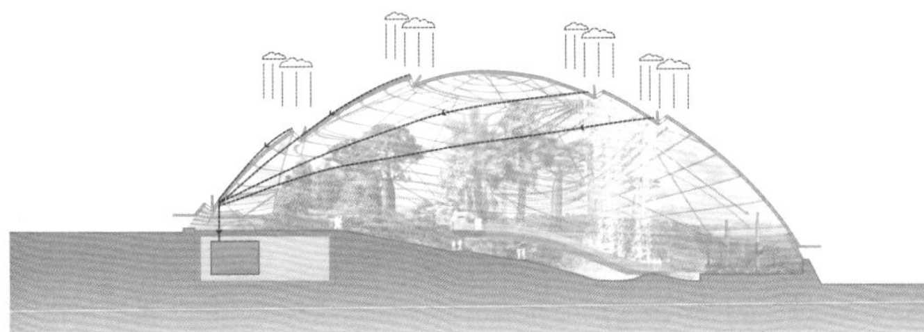

利用形体特点的雨水系统

结合幕墙结构的遮阳系统

均匀的自然通风系统

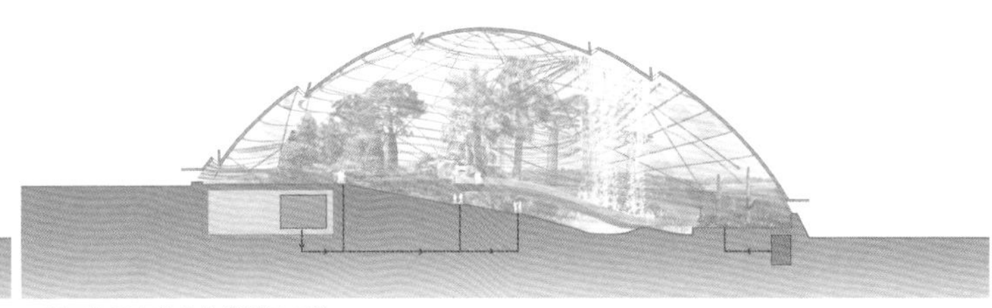

利用地形高差的地道送风系统

人视效果图

室内效果图

太原机场三期改扩建工程航站区规划及航站楼方案

一等奖 • 公共建筑/重要项目
• 独立设计/投标结果未公布

项目地点 • 山西省太原市小店区
方案完成/交付时间 • 2020年6月23日

设计特点

太原武宿国际机场是山西最大的国际航空口岸。三期扩建以终端年4000万人次旅客吞吐量为目标，规划第二条跑道，建设40万平方米的航站楼，打造“区域枢纽机场”。

航站区采用“前列主楼+四指廊”的开阔港湾构型：两条水平指廊平分空陆两侧用地，在纵深紧张的用地条件下，保证了空陆设施均衡布局；两条纵向指廊划分出三大停机港湾，站坪空间开阔，分区清晰；共提供60个近机位，每个港湾都配4条滑行道，有效提升航班靠桥率；在现有机场路和新机场之间，建立快速互通的航站区主干路；形成两个独立的交通环，保证新老航站楼双向快速进出。

两横两纵四指廊简洁舒展，建筑完整，功能衔接紧密。利用南高北低的地势高差设置三级台地——国际区布置在北指廊，形成到达走廊夹层；国内区采用分区安检，南北区平层互通，最大程度缩短步行距离。通过全流程智能通关、国内国际可转换机位、集中的景观商业中心等措施，提升了航站楼运行效率和旅客体验；特设屋面平台，服务航空爱好者。航站楼前，以二层交通换乘厅为中枢，连接大巴车站、前后连接航站楼和停车库、酒店和办公，打造了公交优先、功能复合、站城一体的综合交通中心。

造型设计挖掘山西传统建筑风貌，主楼造型采用四坡屋面，出檐深远，七大开间，比例均匀，立柱外露，向上收分。在主楼和指廊的接合部，采用山西经典的院落布局，融商业休闲景观展示于一体，提升机场服务体验。主楼大厅采用树状支撑的大跨度结构，视野开敞通透。秉持一体化设计理念，树状支撑及屋脊横梁与功能空间统筹布局。

设计评述

方案充分考虑机场现状设施和交通条件，充分利用航站区用地，采用了“中心主楼+两横两纵指廊”的布局模式，整体构架清晰，空陆侧用地平衡。飞行区布局高效，机位尤其是近机位布置数量充足，布置了一定的双通道机位及组合机位，为未来发展留有余量。航站楼建筑功能流程组织合理，旅客步行距离较短，体现了较高的服务质量。在建筑造型方面按照任务书要求，也着重体现山西地域文化和传统建筑特点。

主要设计人 • 王晓群 门小牛 李树栋 黄 墨 王一粟
闫振强 朱仁杰 丁小涵 高 旋 李 倩

鸟瞰效果图

空侧港湾鸟瞰效果图

车道边效果图

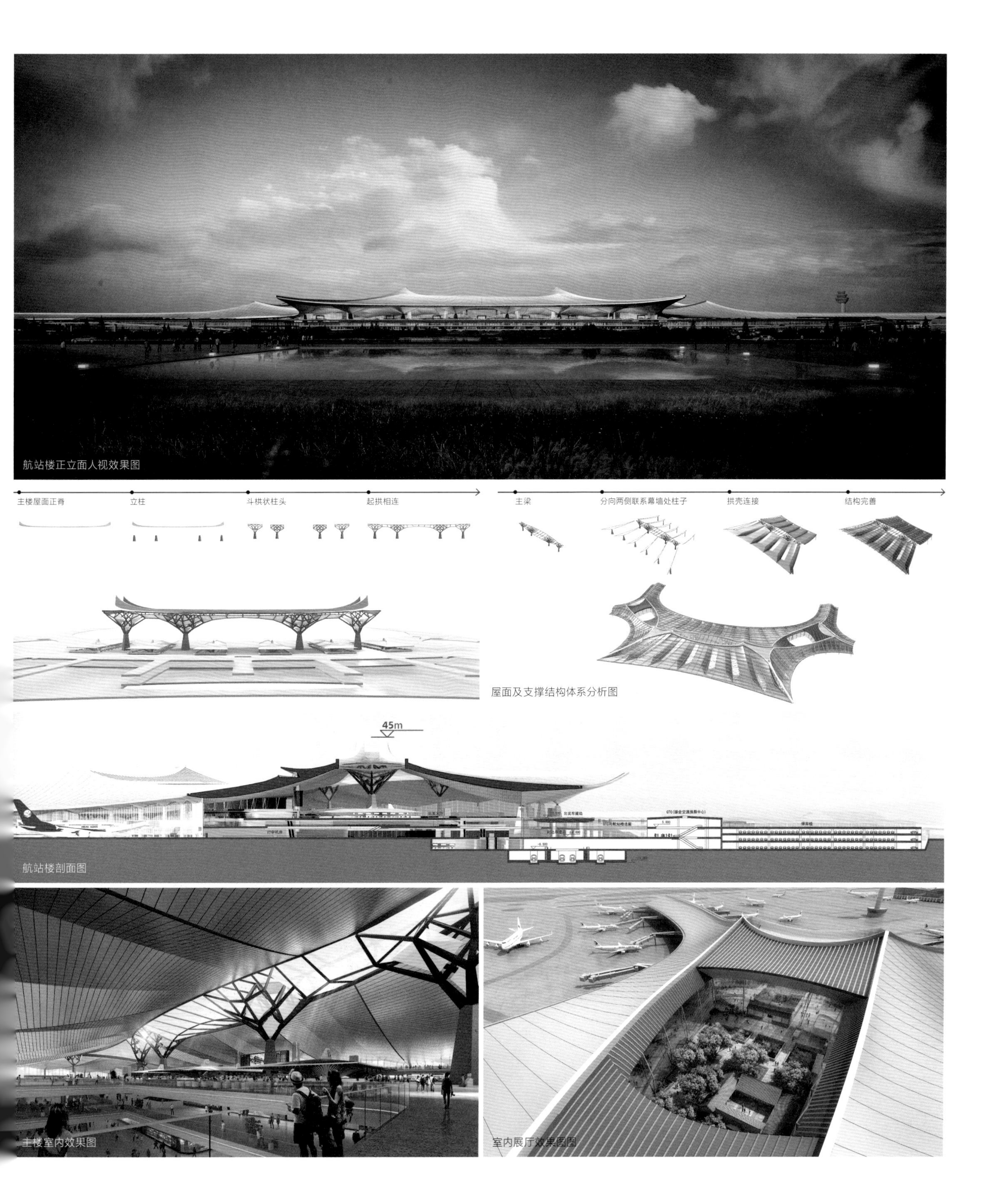

航站楼正立面人视效果图

屋面及支撑结构体系分析图

航站楼剖面图

主楼室内效果图

室内展厅效果图图

泾阳幸福学校

一等奖 • 公共建筑／一般项目
• 独立设计／投标结果未公布

项目地点 • 陕西省咸阳市泾阳县
方案完成／交付时间 • 2019 年 12 月 31 日

设计特点

本项目以“传承区域文化，顺应当下教育发展，面向未来生长”为设计理念。

在规划与建筑的空间布局上，设计考量了西安传承大唐文化的特征，将具有东方文化特征的书院空间形态引入校园规划布局中，书院、街巷、廊桥串联在具有学院气息的林荫道间，形成具有丰富空间层次的人文场景。

设计在充分研究教育模式的基础上，通过一系列环境与空间的营造，创造出充分适应当下及未来教育的场所，丰富的校园场景为未来在这里学习的孩子提供了多元学习的可能性。

面对项目分期建设的需求，设计提出生长型校园的设计理念，在兼顾校园空间规划合理性的前提下，为未来校园分期建设以及不同年级教学分区的合理性创造充分的条件，并为不同时期校园的空间完整性提供可能。

建筑基层灰色的石材与主体白色仿石涂料的墙面搭配了木饰面的细节元素，构成了建筑群整体的人文基调。建筑的顶部设计，间或地穿插了坡屋面的形态。整体建筑群的空间形态传承区域的文化特征，白墙、坡顶、庭院、露台创造具有浓厚人文气息的书院空间。

设计评述

方案总体布局合理，功能分区明确，交通组织顺畅，满足使用及规范要求。方案充分考虑了分期建设的可能，一、二期小学部与初中部教学楼以动态的方式加建增容，契合生长型校园的理念。建筑造型兼顾传统与现代，整体风格统一，坡屋面形成了连续丰富的天际线。

主要设计人 • 石　华　王　璐　闫景月　杨　帆
张广群　白　鸽

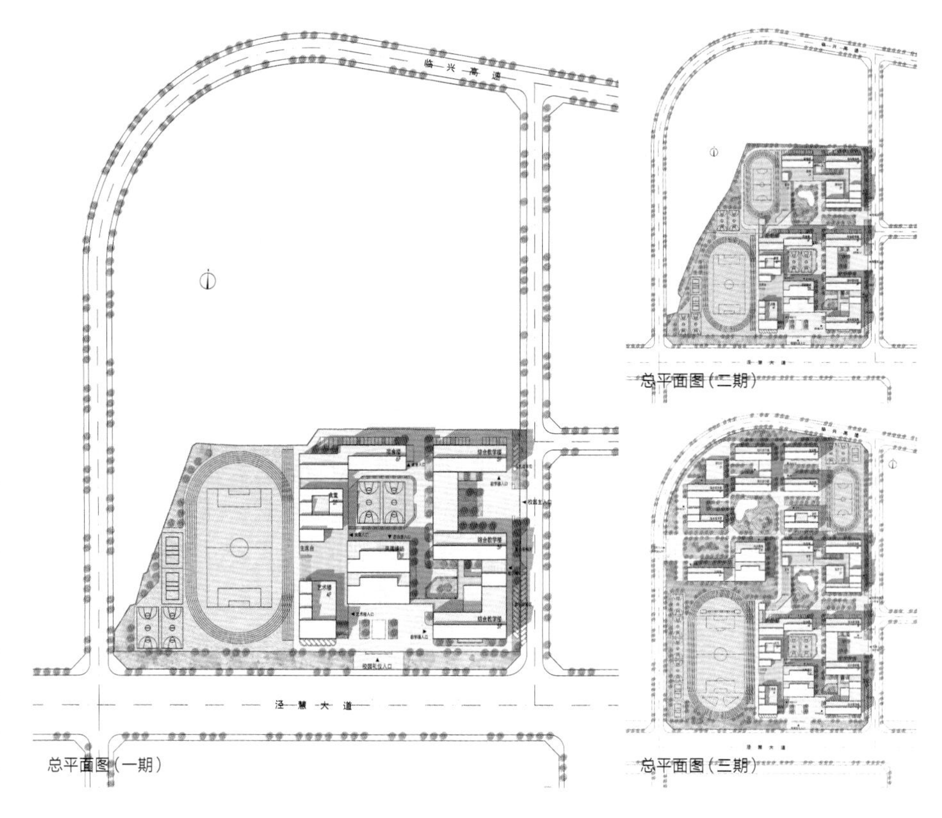
总平面图（一期）

总平面图（二期）

总平面图（三期）

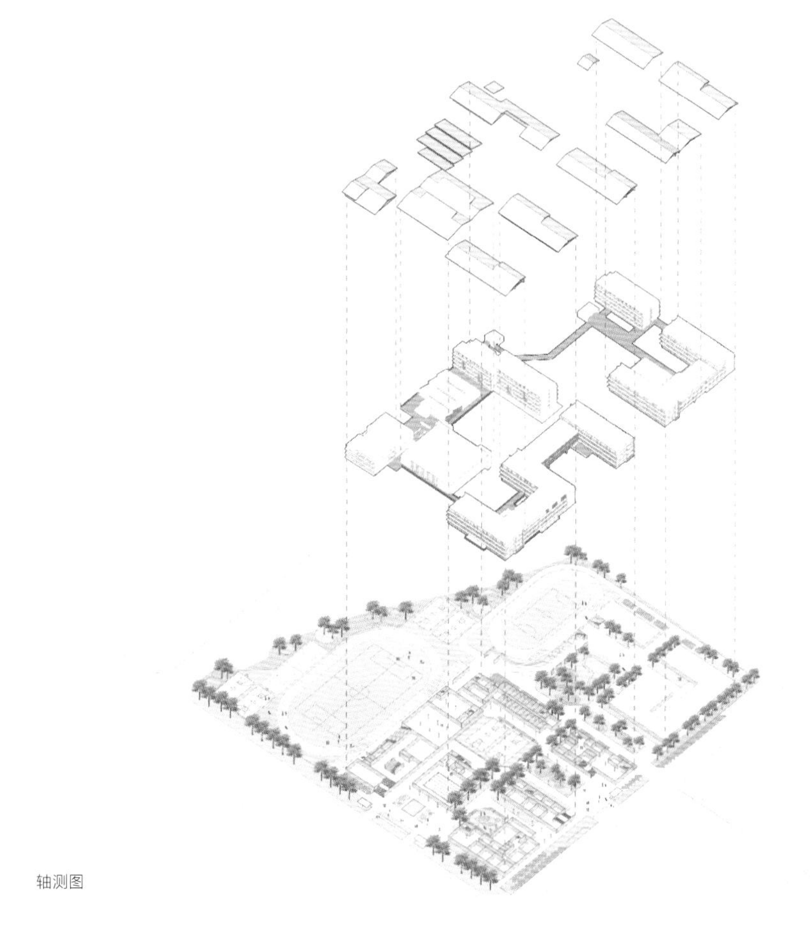
轴测图

校园西侧鸟瞰效果图

校园东南侧街景

校园院落空间人视

校园西侧人视

室内展厅效果图图

南礼士路 62 号院建筑及景观改造

二等奖 • 公共建筑／一般项目

• 独立设计／工程设计阶段方案

项目地点 • 北京市西城区南礼士路 62 号院

方案完成／交付时间 • 2019 年 6 月 10 日

设计特点

项目在“共建、共创、共享”的理念指导下，提升改造 62 号园区，以迎接北京市建筑设计研究院（下文简称“北京建院”）成立 70 周年为契机，以为 BIAD 人营造美好舒适的工作、生活环境为初衷，努力打造成为具有影响力的北京规划建筑科创园区，形成北京市建筑文化与建筑科技阵地。

将原有 D 座办公楼首层改为建筑设计主题的书吧——礼士书房，以推动行业进步、促进文化传播、改造员工工作环境、提升南礼士路街道活力为使命，重点关注文化消费、信息交换、建院制造等行业领域，集图书销售、文创宣传、展览展示等业态于一身，是北京建院全新的文化传播的展示窗口。

建筑的沿街立面采用连续的落地大橱窗，以通透的界面显示开放的态度。设计巧妙利用原有结构墙体划分不同功能空间，使得阅读、洽谈、休闲等功能和谐相处。庭院中加种 6 棵梧桐树，设置竹木平台，创造更为惬意的休闲空间；增设无障碍坡道，方便通行。改造项目为南礼士路的城市界面增添了一道引人注目的风景，为周边居民增加了一处阅读休闲的所在，为改善南礼士路的环境进行了有益的探索。

改造中使用的材料均为环保材料和可回收利用材料，如铝合金复合板、中空 low-e 玻璃、竹木等。

设计评述

项目充分考虑城市与建筑的关系，在整体规划上注重体现北京建院开放的思想、包容的态度，利用新的功能布局将 62 号园区打造成全新的文化展示窗口；为使院内的景观更具生机，在不同的角落新增种了 6 棵梧桐树，实践了以人为本的理念。其中沿街改造项目在对原有建筑结构保留的情况下，利用原有隔墙，划分出具有多重功能的休闲空间，实现了最初“共建、共创、共享”的理念。

主要设计人 • 王　戈　于宏涛　侯炜昌　陈　婧

D 座院内立面改造

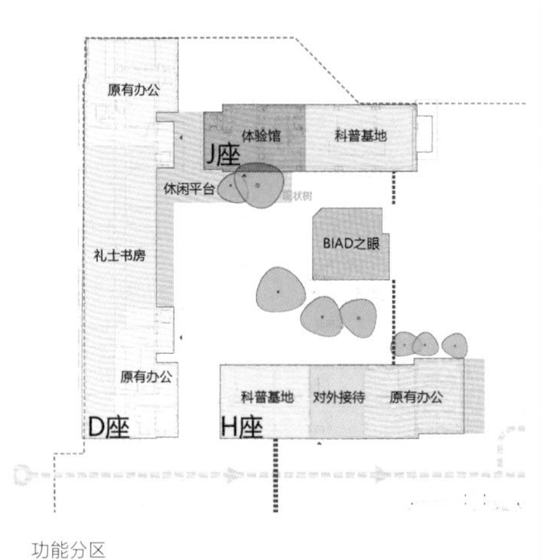

功能分区

改造后景观

H 座改造

礼士书房沿街立面

主入口

主入口室内

室内橱窗

北京城市副中心潞城全民健身中心

二等奖 • 公共建筑 / 重要项目
• 独立设计 / 工程设计阶段方案

项目地点 • 北京市通州区潞城镇
方案完成 / 交付时间 • 2020 年 4 月 28 日

设计特点

潞城全民健身中心项目位于北京市通州区潞城镇 0901 街区，东至通济路，南至镜澄街，西至清风路，北至尚明南街。中心地上 4 层，地下 1 层，屋面结构高度 23.95 米（最高），为多层民用建筑，总建筑面积 4.83 万平方米。

项目为组团级公共体育设施，地上部分延续中间的社区活力轴，在留庄路对景设体育广场，结合螺旋坡道作为景观中心，形成宜人的城市空间；场地内设计一条贯穿场地、屋顶、串联起楼梯与室内外空间的健身步道，为使用者提供连续的丰富的健身体验。

项目采用制冰余热平衡游泳用热等绿色节能措施，利用建筑外窗和天窗，采用自然采光、自然通风、自然排烟等手段，降低建设初始投资并降低运行能耗。

设计评述

方案建筑立面采用铝塑板幕墙和玻璃幕墙体系，设计简洁现代，标志性强。屋顶造型充分结合地块内其他建筑造型的特点，既有传承又有延续。

健身步道很好地串联起场地和建筑，公共开放空间丰富，未来与城市市民的公共生活互动性会很有优势。环形坡道造型新颖独特，作为社区轴线的节点，极具标识性。

设计方案充分结合体育建筑自身特点，充分采用绿色建筑技术。冰场制冷机组设置余热回收装置，在制冰的同时可获得免费的高温余热。

主要设计人 • 郑 方 董晓玉 孙卫华 黄 越 朱碧雪 宋 刚 龙雨馨 乐 桐 郝 斌 唐文宝 林志云 冯 喆 赵茹梦 陈 争

夜景鸟瞰图

鸟瞰效果图

人视效果图

入口人视效果图

城市客厅效果图

全民健身中心远眺俯瞰图

荷兰花海只有爱梦幻剧场

二等奖 • 公共建筑／重要项目
• 独立设计／工程设计阶段方案

项目地点 • 江苏省盐城市大丰区
方案完成／交付时间 • 2019 年 3 月 30 日

设计特点

项目位于江苏省盐城市大丰区新丰镇荷兰花海景区“只有爱 • 戏剧幻城”内，为中型乙等剧场，规划总占地面积约 13 公顷，总建筑面积 15.87 万平方米，包括主体剧场、东侧室外“心形”剧场及其周边景观。

项目采用一字形平面布局，观演空间布置于建筑南侧，配套辅助用房布置于建筑北侧。建筑平面采用 9 米 x9 米柱网尺寸；演艺空间为单层高大空间，辅助及办公用房为 3 层；地下为局部 1 层，主要为设备机房及演员备演空间。地上部分主要为剧场观演空间及其配套设施内部办公空间，首层部分空间对客户开放。首层包含了五个观演空间、入场厅、转场厅、VIP 接待厅等公共空间以及演员备演区、设备用房等辅助空间；二、三层为内部办公用房及设备用房等辅助空间。

剧场建筑群落将紧扣“只有爱”的戏剧主题，建筑表皮呈现彩色涟漪波动的效果，同周围水面及花海融为一体。参数化设计的幕墙，由 10 种不同颜色 9 个不同角度的幻彩金属板的组合，造成变幻丰富的立面效果。从渲染戏剧气氛、提升观众参与度、求新求变等多方面建立全新的“语素”，力求做到“景观与建筑合一，戏剧与空间合一”的设计目标。

立面形象以“水中月”为主题，以水面的彩色涟漪为母题，是周围环境的延续。东立面的半个月牙，则紧扣“只有爱”的戏剧主题，以月亮代表爱情这一世界性语言，带领观众直击戏剧核心。半个月牙在心形水面的镜像之下，呈现一弯新月。这一“镜中花，水中月”的画面亦真亦幻，建筑与花海景观以及观众共同构成这一戏剧场景。

设计评述

方案设计根据特殊的用地条件及特殊的使用及形象要求，较好地体现了创意需求和功能需求，建筑与戏剧共同创建了“情景”，使场地、建筑、室内、室外、戏剧融为一体，不分彼此，打破了建筑与戏剧的边界，为建筑设计拓宽了思路。

设计功能空间基本合理，流线需结合剧目使用需求进一步完善；形象进一步优化，幕墙需进一步推敲，以期在满足创意的同时更为经济实用；在总平面方面尚需在获得完善资料的基础上进一步完善设计。

主要设计人 • 王 戈 杨 威 王东亮 张红宇 张 睿 李强强 张博源 林 琳 赵甜甜 张 菡 庞 宠

实景鸟瞰

东立面渲染效果图

入场厅“月”

入场厅效果图

彩色玻璃

建筑立面效果图

南京扬子江国宾馆

二等奖 • 公共建筑／一般项目
• 独立设计／ 工程设计阶段方案

项目地点 • 江苏省南京市江北新区
方案完成／交付时间 • 2020 年 1 月 22 日

设计特点

项目位于南京市江北新区，东南侧临扬子江，西侧用地为在建扬子江国际会议中心；定位为集国事活动、贵宾接待、商务交流为一体的高端服务接待场所，是生动展示江苏省、南京市政经优异发展的窗口。项目总用地面积 19.85 公顷，总建筑面积 7.51 万平方米，容积率为 0.27。

项目沿扬子江北江岸缓缓展开，场地设计结合原本地势和现有水体，以国画写意的手法勾勒数笔，营造大开大阖的场地空间逻辑，更打造“祥龙纳水”的华彩水系，水系与地形走向暗合腾龙之势。 以1号贵宾别墅作为“龙头”之引领，2号、3号别墅依势展开，最终在贵宾会议中心落下浓墨重彩的收束之符，功能空间有机串联。立面构成元素以“大国礼器”作为设计母题，将传统元素以现代手法融入建筑。

设计评述

项目整体规划具有中国传统园林精髓，移步异景，宛如天成，在风景如画的扬子江之畔形成一幅优美的中国山水画卷。景观、室内，不失现代简约又深得中国神韵。

总平面设计中，为增强地块联系、减少会议期间市政交通压力，建议在宾馆与会展中心设置人行连桥；场地入口到酒店入口间的空间，从景观递进及车流引导等方面进一步优化；客房楼与别墅间的小房子尽量用足退线，避免受退线方向影响，做好场地围合。

单体建筑应该充分考虑南京当地气候条件，做好夏季防暑冬季防冷的各项措施。

主要设计人 • 杜 松 谭 川 王笑竹 王 淼 胡 杨

鸟瞰效果图

会议中心效果图

贵宾楼效果图

1 号贵宾别墅效果图

2 号、3 号贵宾别墅效果图

海南银行总部大楼

二等奖 • 公共建筑／一般项目
• 独立设计／工程设计阶段方案

项目地点 • 海南省海口市江东新区
方案完成／交付时间 • 2020 年 6 月 28 日

设计特点

项目所在的江东新区起步区以“小街区，密路网”的规划理念，形成了纵横交织的慢行绿廊，公众可穿行与楼宇之间。结合海口当地的气候特点，设计将慢行绿道引入建筑内，形成一个 70 米见方、50 米通高可自然采光通风的城市级绿色生态中庭。建筑内部设置多层次、多高度绿色种植景观。

首层四面向城市开放，寓意纳四方之风，汇四海之气。中央设置水景并融入银行标识，寓意“四水归堂，财富汇集”。以城市设计系统引导方式，实现城市风貌与建筑形态的塑造，通过特色街道、城市界面、重要节点、特色风貌、地标建筑、主要廊道等城市设计多维系统要素的构筑，更加合理有效地导控起步区的空间形态与概念性建筑设计。

海南银行总部大楼，为营造一个人性化、生态化的休憩空间，在慢行绿廊交织点，采用半透的膜结构顶篷，以“生态保保护罩”的概念，给公众营造舒适人性化的半室内开敞公共空间。主楼与副楼设计两个半透的顶篷，贯彻江东新区生态 CBD 的设计概念，营造室内公共空间的舒适性，打造四季气候宜人的生态中庭空间。

设计评述

项目方案设计形式简洁，功能合理；与“小街区、密路网”的城市设计理念相结合，以“生态保护罩”的概念，给公众营造舒适人性化的半室内开敞公共空间；同时很好地体现了企业总部的整体形象。

主要设计人 • 邵韦平　刘　军　王　鹏　杨　坤　甄　栋　吕　娟　于　莎　牟　丹　李晓旭　李笑雨　冀掌城　陈嘉宝　李　强

鸟瞰效果图

西北角人视图

主楼中庭

国家速滑馆景观

二等奖 • 景观建筑／重要项目
• 合作设计／工程设计阶段方案

项目地点 • 北京市朝阳区
方案完成／交付时间 • 2019 年 9 月 10 日

设计特点

国家速滑馆景观面积 12.81 万平方米，突破传统体育场馆景观的局限性，强化具有生态、生活、生命力的冰雪运动丰富内涵，将技术与艺术凝聚传播，与景观空间融合焕发。

项目中缤纷的景观空间由冰墩雪融的典型符号构成，穿越其间的冬季两项赛道填补了国内空白。地面广场和下沉空间可承载多种运营活动，以丰富市民生活。

以主体建筑为核心，结合冰雪主题，将冰之凝聚与融动、雪之洁白与纯净融入设计，周边铺地将不规则的冰雪融冻转译为场地的铺装肌理，结合冰雪斑、绿化斑、硬质斑，打造纯美、现代、简约的体育运动中心形象。

周边绿地内的景观空间通过高效的交通组织和活跃的景观兴趣点形成吸引力，创造丰富的室外空间场景。打造体验型、参与型户外活动功能，将观赏、休憩、健身、娱乐、互动等多重内涵与绿色生态融合，充分体现冰雪与运动为市民带来的欢乐与舒畅。

设计评述

项目是继奥运中心区和珠海网球中心之后的又一充满生命力的运动场地配套景观。方案通过对建筑周边环境及场地功能深入的分析与综合，结合前期概念方案和总体规划，满足运营、管控和快速疏散等安全管理要求，对赛时赛后可持续利用进行了有机结合，有效实现了重大赛事及平日市民活动等功能。

在总体布局、景观丰富处理方面都有较好的构思和体现，并且践行绿色、生态海绵城市理念，绿量丰厚、活动多彩，通过对雨水的收集、净化和积存，解决了绿地、道路、广场等区域降雨量滞蓄、调节和下渗的问题。

设计中需注意：由于项目为公共建筑周边配套景观，需要满足大量人流快速集散和安全管理要求，树种选择应符合本土特质、适应性强，同时满足树下视线通透利于管控及疏散的要求。冬奥会举办正值冬季，应在常绿种植上稍加考虑。

适当增加休憩场地的丰富性、活跃度和参与性，体现现代奥运体育精神。充分考虑赛时及赛后绿地率指标因素，减少赛后拆改。

主要设计人 • 刘　辉　Gavin Robotham　刘　健　何　柏　耿　芳　房　昉　王思颍　王笑蕾　宇　晨　郑　磊

东南侧夏季鸟瞰效果图

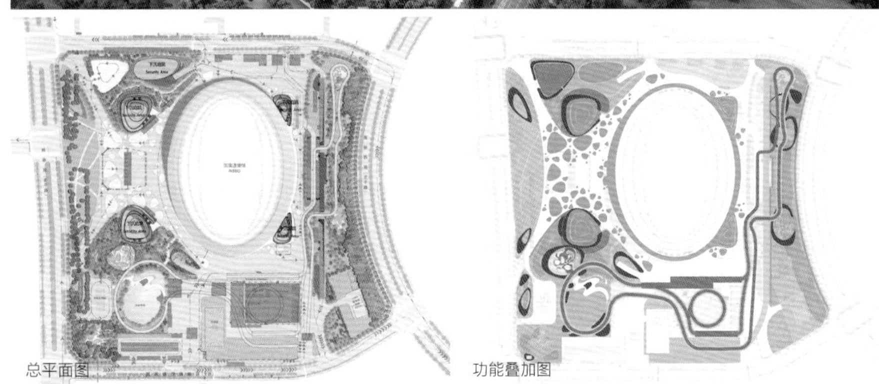
总平面图　功能叠加图

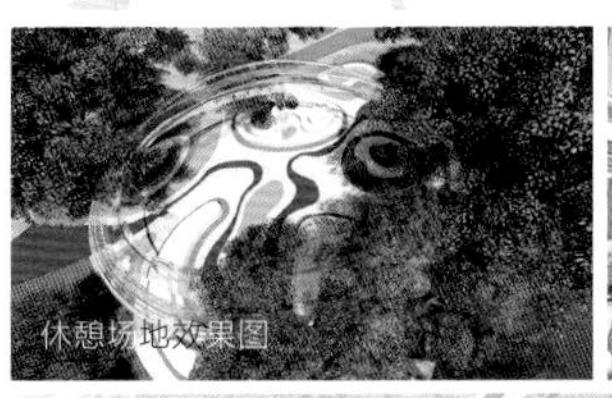

休憩场地效果图

西南侧冬季鸟瞰图

北京景山西板桥及其河道水系恢复

二等奖 • 景观设计／一般项目

• 独立设计／工程设计阶段方案

项目地点 • 北京市西城区

方案完成／交付时间 • 2019 年 9 月 13 日

设计特点

项目恢复的西板桥水系为金水河重要的组成部分，是老城保护与复兴中不可或缺的元素。项目预计亮出河道水系总长约 705 米，将分为近、中、远期工程，逐步实施。

近期实施范围西起北海东墙，东至景山西墙，南至景山西门，预计亮出水系 385 米。出北海东墙，经西板桥、景山西墙外向南注入筒子河，恢复后的水系将实现内金水河自然水系的贯通，带动自然生态系统循环。方案设计以考古发掘为依据，对西板桥及其河道进行修缮恢复，同时复建庆云寺庙门及恢复院内格局，提升文物周边整体景观环境，形成展现历史文化价值的特色公共空间。中远期将结合历史河道的恢复实施景山西侧带状规划绿地，全面体现中轴遗产价值，为市民提供景观宜人且具有历史文化魅力的滨水生态开敞空间。

设计评述

西板桥及其河道水系的设计方案总体突出了遗址的价值，不过分强调恢复完整的原貌，方案可行，符合北京新总规和中轴线申遗的思路。西板桥及其河道水系的恢复将有助于重现北京老城水系及景观特征，有充分的必要性。建议进一步与总规、核心区控规衔接，明确规划目标与空间及时序上相关安排。

近期维持考古后的西板桥原貌，进行文物修缮；远期具备再次考古勘探条件时，可再进行相关发掘。方案设计以考古发掘为依据，同时应根据文献、图片等相关资料进行修缮恢复。西板桥及泊岸两侧要考虑增加安全护栏，形式和风格要与文物及其周边环境协调。

主要设计人 • 吴　晨　郑　天　吕　玥　姚明曦　杨　婵　周春雪　管朝阳　袁兴帅

西板桥及其河道水系与周边环境鸟瞰图

西板桥及其河道水系与周边环境鸟瞰图

西板桥、白石桥、河道及庆云寺设计叠加图

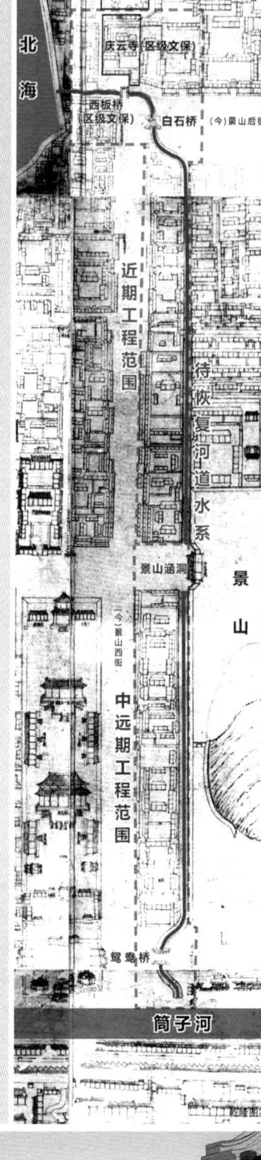

西板桥及其河道水系、庆云寺及周边环境人视图

丽水国际会议中心

二等奖 • 公共建筑／一般项目

• 独立设计／中选投标方案

项目地点 • 浙江省丽水市新城区

方案完成／交付时间 • 2020 年 5 月 13 日

设计特点

丽水是一座历史的城市，也是一座发展的城市，这里有传统村落的小桥流水，也有现代都市的灯火通明。方案设计既要融合传统文化的历史符号，也应追求现代建筑的简约造型。

建筑设计提取丽水当地“拱”的文化符号，立足于文化传承，将“拱”的元素运用于设计之中，作为丽水发展的文化印记；空间设计以实用为基本原则，如廊桥般出挑深远的屋檐，增加了建筑灰空间，回应了当地气候特点。

建筑功能布局考虑会议中心的功能特点，将酒店流线与会议流线分开，做到互相不交叉；另外，就会议功能而言，将 VIP 流线和普通流线分开。会议中心同时与酒店连通，做到既分又合，酒店既可以独立运营又可以与会议中心联合运营；地面设置多个出口，结合地面绿化，加强内外空间互动。

建筑屋面采用统一的设计元素，由相同的模块单元组合拼接而成，便于使用装配式技术。结合建筑造型，设计中所采用外墙材料为加气混凝土墙板，具有保温、隔热、隔声、防火等特点，是一种绿色环保新型建材。

设计评述

该方案以“拱”为设计理念，将廊桥形象以现代元素呈现出来，既尊重过去，也面向未来。形象设计符合会展建筑及酒店特色，两个建筑形象整体设计、相互协调。

会展建筑主入口面向城市主干道，贵宾及后勤办公区域靠近东侧规划道路，功能分区合理，为后续的运营及使用充分考虑；酒店建筑主入口同样面向城市主干道，办公及后勤入口靠近东侧规划道路，功能分区合理，与会展以连廊互通，并能实现独立运营。

整体流线布局考虑了会展人群与酒店人群的分流，场地内人流、物流、车流不交叉，实现便捷高效的交通组织。

主要设计人 • 于　波　姬　煜　金　洁　张　溥　雷永生　李兆宇

鸟瞰效果图

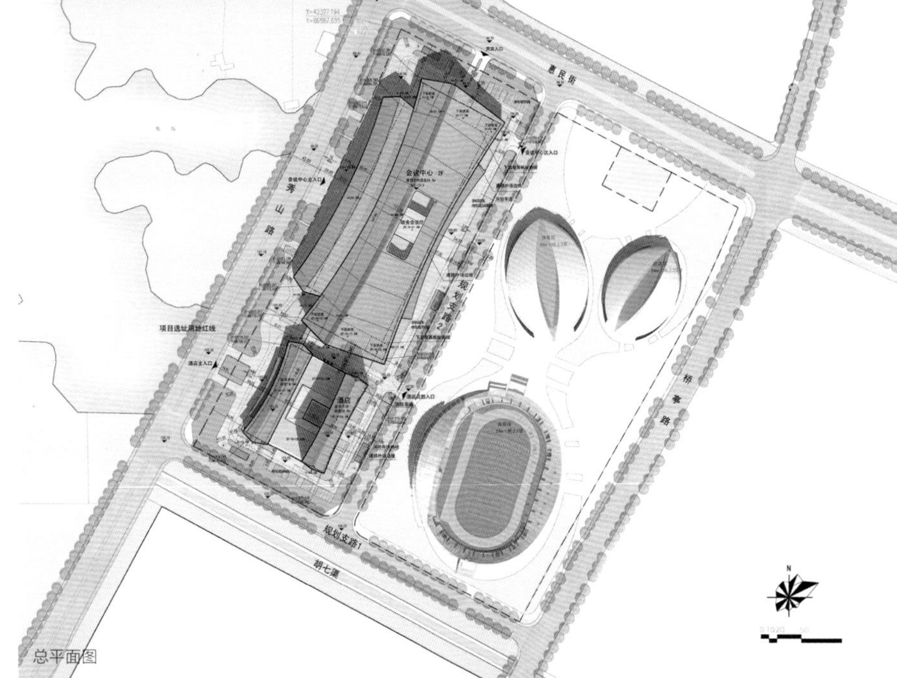

总平面图

西北视角效果图

入口效果图

酒店效果图

武汉国际会展商务新城

二等奖 • 公共建筑／一般项目
• 独立设计／中选投标方案

项目地点 • 湖北省武汉市黄陂区
方案完成／交付时间 • 2019 年 12 月 10 日

设计特点

武汉国际会展商务新城位于武汉临空副城的核心区，用地周边交通条件良好，风景秀丽。会展中心处在区域景观视廊的中央，功能完善、交通高效，九层波涛状的屋面仿佛波浪起伏、重峦叠嶂，又如大鹏展翅腾空欲飞，呼应腾飞中的武汉山水城市的格局和包容大气的精神。展厅采取对称的布局，设置35万平方米的净展面积与3万平方米的净会面积，与南北两侧配套用地相辅相成，提供完善的配套功能，打造高端会展城。

会展中心由登陆厅、净会议中心、双层净展模块及单层净展模块组成。二层主要为四个双层展厅及会议中心，其中会议中心可以两层展厅联通，作为会议中心的备用会议区及多功能区使用。双层展厅首层层高 16 米，二层最低处 16 米。单层展厅层高 24 米。会议中心及登录厅区域设置地下二层停车场。

设计以荆楚文化为出发点，将荆楚文化的材质——竹木、青铜、漆面、白玉等——使用在建筑中：竹材编制的开洞方式，建筑立面与场地布置中竹构元素的加入；局部材质与肌理上使用青铜形成稳重与历史感；室内及立面使用鲜艳的漆面色彩进行点缀；洁净鲜亮的材质作为主要建筑表皮材质，体现璞玉无瑕的特质。建筑屋顶造型以长江波涛与波浪肌理的结合为设计灵感。

设计评述

方案需要满足会展、局部商业配套等多种功能需求，在相对紧张的用地条件下，通过总平面布局，形成一个合适的单体组合关系，满足高容积率的使用要求，体量处理也较为合适，能够有效削弱大体量建筑的压迫感。

方案亦可继续深化，在此基础上，从各个沿街立面、人视等角度进行立面优化，部分道路离建筑太近，需结合场地关系、绿化布置、建筑体量等元素调整。

主要设计人 • 李亦农　孙耀磊　刘黛依　周广鹤　王鹏智

鸟瞰效果图

南侧半鸟瞰效果图

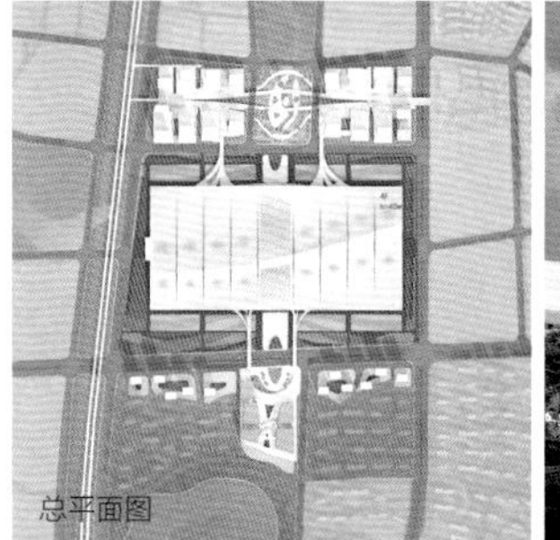

总平面图

西南人视效果图

鸟瞰效果图

北京市海淀区西北旺镇 X5 地块概念方案

二等奖 • 公共建筑／一般项目
• 独立设计／中选投标方案

项目地点 • 北京市海淀区
方案完成／交付时间 • 2019 年 8 月 20 日

设计特点

本案通过对未来年轻人生活习惯的研究，合理调整各个业态之间的布局关系，将建筑功能与生活需求结合，引导使用者在不同时间段内利用园区不同的空间场所，使园区达到全天候的热度。

根据市场经验，结合实地调研，研究具有充分灵活性的产品，提出两种产品概念：（1）“栋”的概念，以一栋楼的概念去划分办公产品，每个产品包括地上与地下的空间，核心筒各自独立。（2）“层”的概念，以水平划分办公产品，上层产品包括专有的平台，下层产品享有独立的庭院，核心筒上下独立。

空间的形成：4 个地块轴网对位，构成完整秩序关系；地下 3 层整体开挖，获得最大利用条件；与开挖边缘脱开采光距离，定位围合形态的办公楼座；地上楼座间隔布置，形成首层开放格局；将上层体量扭转进退，形成活跃的城市界面；编织网络植入场地，将城市缝合为一体。

多维度的平台连桥走廊花园：准确地考量、控制院落尺度，在主次关系得以强调的同时，院落的布置也富有节奏感；错落的体量，融入飞桥、露台的元素。

建筑立面横向线条照顾了整体形象和单体姿态，塑造漂浮的未来感与科技感；彩色玻璃对应不同主题院落置于底层商业，增加空间活力，强化漂浮感。

景观设计从 4 种不同的业态气质出发，为 5 个院落打造季节特有的专属景观。沿主路立面为双排的景观树阵，园区之间为氛围轻松、渗透进入园区的景观空间。波点艺术和巨型雕塑的融入，丰富商业空间的同时为广场空间带来人气与活力。

设计评述

方案总平面设计思路清晰，局部对用地使用过满，造成外围交通组织局促，建议外围绿化、停车、广场表达形式以概念表达为主，不做细致排布。各层平面基本单元应按满足基本双向疏散要求进行表达，避免出现原则性问题。立面手法较为超前，建议以产品模式和空间关系为概念核心，外立面手法可兼容多种方式。

主要设计人 • 王　戈　盛　辉　张镝鸣　杨　达　张凤伟
庞　宠　刘　佳　陈　婧　王莹莹　张宏宇
王东亮

总体鸟瞰

内院商业透视

广场透视

园区透视

院落透视-冬

院落透视

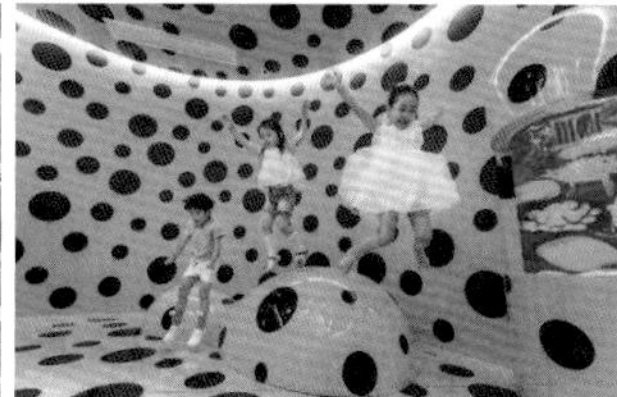
波点艺术巨型雕塑

蚌埠医学院第一附属医院心脑血管中心

二等奖 • 公共建筑／重要项目
• 独立设计／中选投标方案

项目地点 • 安徽省蚌埠市龙子湖区
方案完成／交付时间 • 2020 年 8 月 30 日

设计特点

蚌埠医学院第一附属医院心脑血管中心为三级甲等综合性医院，总用地面积 18 万平方米，总建筑面积约 40 万平方米，拥有 2000 张床位。项目面向未来，着力于山院水庭之间打造一座集智慧数字化、生态化于一体的第五代医疗之城。

设计融入了"山水城市""生命之脉""珠贝之贵""山水之怡"等设计理念和隐喻，在保证医院合理布局与功能分区的基础上，重点打造特点鲜明的建筑形象、优美舒适的绿化环境、丰富多样的空间层次和悠久深远的文化内涵。

方案以"生命之脉"医疗街作为整个院区的中枢贯穿南北，同时将医院的专科门诊集中，将其作为布局的核心。造型上结合"珠城贝壳"的设计理念设计出梦幻的波浪表皮，坐落在浅水面上成为院区亮点。在规划中设置核心景观区，可作为发展预留用地，应对未来发展和后疫情时代的需要。

设计评述

新医院处于蚌埠市龙子湖新区，区位优势明显，是新城区的城市规划的标杆，特别是专科门诊的设计是方案的点睛之笔。方案在交通组织、景观设计、功能布局、建筑立面等方面考虑比较全面。

"山水之城""生命之脉"的设计理念，造就建筑立面的简洁、大气、新颖、适用的特点。双首层设计解决了医院的交通拥堵问题；动静分区，医疗功能设计合理；立体交通系统、人车分流，清晰便捷，地下车位满足使用要求。方案实现了安全、高效、舒适、节地、美观的目标。

住院区营造宁静舒适的景观空间、中心景观区打造丰富的园林空间、科研办公区营造宁静的休息空间等一系列设计，很好地结合了建筑功能。丰富的绿植和铺地设计与建筑设计相映成趣。

主要设计人 • 邵韦平 张 洋 王 佳 张 圆 崔晓勇 张 希 宁顺利 张思明 姜 薇 邵天旸 马永慧 张 恬 李春营 王世栋 张 豪

西北侧鸟瞰图

总平面图

综合门诊入口人视图

门诊大厅效果图

西南侧人视图

重庆华侨城运动公园体育馆

二等奖 • 公共建筑／重要项目
• 独立设计／中选投标方案

项目地点 • 重庆市渝北区
方案完成／交付时间 • 2020 年 5 月 10 日

设计特点

项目为重庆市礼嘉片区重要的体育建筑，主体功能包括篮球馆、羽毛球馆、射箭馆、游泳馆、健身房等主流运动及娱乐措施，总建筑面积约 2.15 万平方米，其中地上建筑面积约 1.5 万平方米。方案创作的核心理念是打造一座“现代化的综合运动馆”，使市民能够参与其中。

设计将建筑几大功能板块融入两个分别平行于基地两侧道路的长方体，利用莫比乌斯环的构成原理将两部分进行连接，再将整个体量向上抬升，形成下虚上实的强烈对比。在体量分隔的基础上，立面设计结合平面功能，再次进行细分，形成刚与柔的形象展示。

交通核及辅助用房集中于中间区域，运用错层的方式将主要功能设置在不同的楼层，每一层的辅助及配套用房都单独服务于一个主要功能馆，方便后期独立管理，减少各功能使用上的人流交叉。

设计评述

项目为社区配套的综合全民健身运动馆，设计结合用地条件，将建筑分为球类馆与健身游泳馆，二者平行周边高架桥呈八字形布置。设计通过参数化设计，将两个体量有机结合，实现巧妙的虚实对比、墙面屋面的转换，呈现出奇而不怪的建筑形象。设计巧妙利用不同运动馆不同的净高要求，错层布置，实现分层独立管理，且中部的服务区域也因此有效控制层高，避免了空间浪费。

方案构思巧妙，设计手段先进，技术运用得当，展现了独特的建筑形象，受到了业主及规划管理部门的好评。下阶段仍需在表皮肌理、结构的呈现、室内空间做进一步的优化。

主要设计人 • 陈 飙 胡 彬 杨文展

鸟瞰效果图

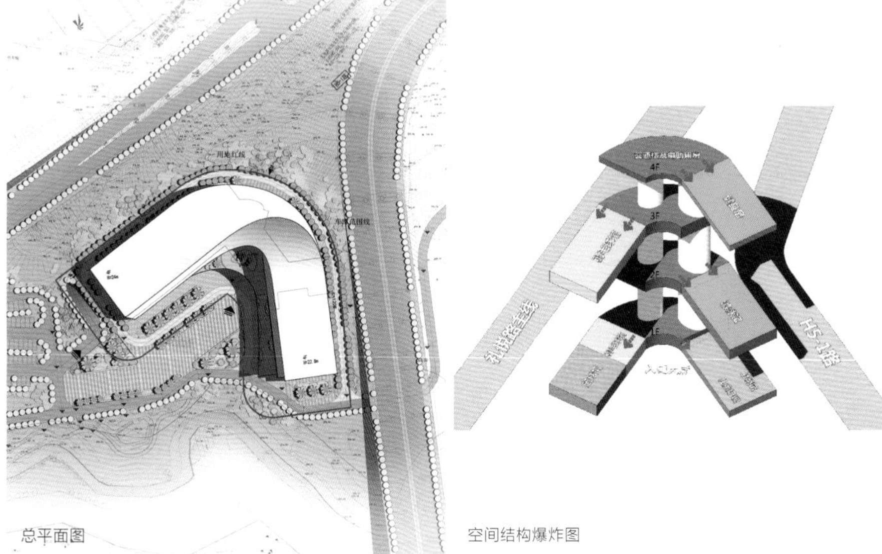

总平面图

空间结构爆炸图

立面效果图

中国铁塔产业园生产调度中心及园区总体规划

二等奖 • 公共建筑／一般项目
• 独立设计／中选投标方案

项目地点 • 北京市海淀区
方案完成／交付时间 • 2020 年 5 月 21 日

设计特点

项目用地位于北京市海淀区东冉北街 9 号院，总占地面积 2.02 万平方米，建筑面积 3 万平方米。用地南侧为东冉北街，北侧为常青路，西侧为常润路，东侧为内部道路。项目用地内部北侧为已建成 12 栋独立办公园区，未来与新建办公建筑纳入整体园区设计考虑范围。

项目设计提出“花园里的办公，办公里的花园”的设计理念。从规划和景观的层面充分地整合了新建建筑与已有办公园区的空间关系，将新建建筑作为整个区域空间的统领，同时退让东侧蓝宝 • 金园国际中心，形成区域内开阔景观中心。以这个景观中心作为景观环境统领，向北侧多个独栋办公建筑延展，使整个园区掩映在“花园”般的景观环境中，配合一个个单体独栋办公建筑形成“花园里的办公”的场所环境。

主体生产调度中心的设计充分考虑了其与中央景观广场的互动关系，形成开放式的下沉庭院，并将企业展示、运动中心、餐饮、会议等功能与开放的下沉庭院结合在一起。同时，地上的办公空间充分考虑当下与未来办公建筑的趋势与需求，将建筑集中与分散搭配布局，适应办公建筑集中、分散、共享的使用需求，办公空间中穿插多个绿色庭院与共享中庭，创造出 “办公里的花园” 的空间形态，使绿色共享办公成为可能。

设计评述

方案总体布局充分考虑与场地内现有建筑的空间关系，东侧退让蓝宝 • 金园国际中心，形成开阔的入口广场空间，同时与北侧既有办公建筑形成连贯的空间轴线序列，景观设计由南向北主次延伸递进，形成统领区域的规划空间形态。主体生产调度中心建筑充分考量与中央广场的互动，建筑的空间组织亦考虑与北侧集群式独栋办公建筑的体量呼应。

部分设计需进一步完善：主要入口应面向南侧东冉北街，调整入口空间位置，东侧设次要入口，与主要广场连接；西侧三组办公区交通核距离端部走道尽端距离超疏散间距，调整交通核位置，保证疏散距离；地下疏散至地上的楼梯间应为封闭楼梯间，设乙级防火门； 首层西侧三组办公组团应有直接对外出入口。

主要设计人 • 石 华 杨 帆 金雪丽 王新宇

鸟瞰效果图

东侧透视图

入口透视图

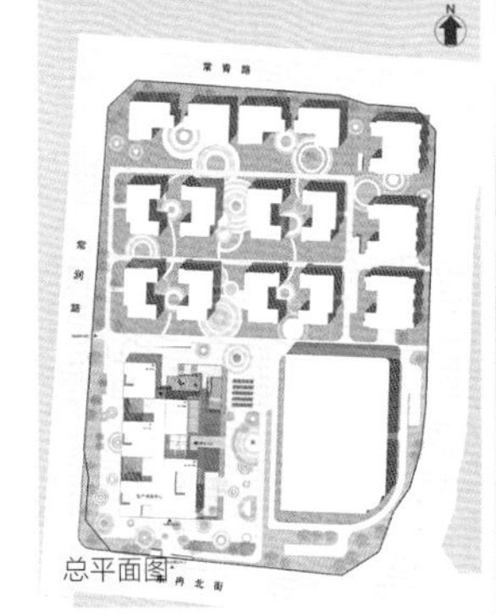

总平面图

庭院透视图

北京市大兴区第一中学西校区装修改造

二等奖 • 室内设计／一般项目
• 独立设计／中选投标方案

项目地点 • 北京市大兴区
方案完成／交付时间 • 2020 年 5 月 8 日

设计特点

北京市大兴区第一中学（下文简称“大兴一中”），作为北京市首批示范性高中，经几代人的努力，已经拥有了成熟的教学体系、强大的办学实力和良好的社会口碑。拓展现代功能、融入书院意境、坚持可持续发展，是规划设计新校区的基本理念。项目设计范围为大兴一中西校区学校图书馆、报告厅、艺术楼音乐厅及合班教室。

贯穿校园内部与外部空间环境的设计理念是“天人合一”。天人合一的哲学思想来自于传统书院的育人实践，这一点尤其体现在学校环境营造的内外关系上。庭院、广场、森林、绿地散落在校园中，与就近的建筑室内功能的场所氛围相呼应。

在室内环境设计阶段，注意功能与情感的协调，不仅保证师生丰富的教学生活功能，更加强了人文层次上的共鸣。室内空间在现有的建筑设计与景观设计基础上，以“人”字形屋面作为室内设计主题，加以宽窄变化的线条，组合成大兴一中西校区的基本构成元素。室内大量的使用木色、灰色，平静沉稳的色彩环境符合当代学生的审美，同时利用鲜明的色彩点缀，象征富于活力的生命画卷。

设计评述

北京市大兴区第一中学西校区装修改造项目中报告厅、音乐厅及合班教室均有声学设计内容，在声学方面有专业的声学顾问出具建筑声学设计方案，严格按照声学要求设计各个空间。

在经济性要求的前提下，尝试用涂料色彩设计塑造有特色的教育空间，颜色不局限于学校自己出的主题色。如：图书馆主要以灰色和木色为主，颜色搭配使整个空间简约、严谨、安静；彩色的家具穿插其中，使整个空间更有活力。设计现代、简洁、清新、年轻，代表二十一世纪中国青少年充满活力的新生力量。

合班教室结合原有的建筑结构做“人”字形吊顶，整个空间大面积使用木纹饰面，使整个空间显得更加庄重、沉稳。

各专业设计符合本项目已申报的绿色建筑星级标准，严格按照满足绿色建筑二星级的标准进行本项目的控制。

主要设计人 • 沈晋京　林　华　刘加伟　李　隽　崔　玥
张素芳　毕雅冲　王　娟　孙　超

图书馆首层效果图

报告厅前厅效果图

报告厅观众厅效果图

艺术楼音乐厅效果图

合班教室效果图

玉龙雪山甘海子游客集散中心

二等奖 • 城市规划与城市设计／一般项目
• 独立设计／中选投标方案

项目地点 • 云南省丽江市
方案完成／交付时间 • 2020 年 3 月 15 日

设计特点

项目总用地面积约 41 万平方米，建筑基底总面积约 6 万平方米，总建筑面积 11.18 万平方米（包括保留原地块内建筑面积 2.95 万平方米）。集散港为其核心内容，建筑面积 3.92 万平方米，地上建筑面积 2.68 万平方米，地下 1.24 万平方米。

玉龙雪山游客集散中心尊重滇西北民族的山水崇拜观，以人工之美入自然，修复、保护地域的自然特质。融合丽江玉龙雪山独特的自然与生命属性，以“山花探圣境”为主题，甘海子游客集散中心如同生长在草甸森林中溪畔之花，建筑周围的环境则是孕育“高地之花”的森林花园，通过自然形态语言抽象诠释地域“云迈淡墨”之环境特质，最终创造出一个有生命力的空港式集散中心——玉龙冰花。

空港式集散中心位于整个场地的中心，通过二层平台、景观广场、风雨廊、环保车等不同形式无缝连接了场地周围不同功能组团，努力打造一个四通八达的内部核心，成为整个甘海子游客中心区的心脏。建筑形态在十字形结构的基础上，结合高原花海的设计意向，在符合最佳视野和景观展开面、场地连通的均好性及模数化设计的前提下，衍生为八瓣的双层结构。主要的等待区及商业空间位于二层，集散中心前往索道及景点的环保大巴出发站台位于首层南北两翼，辅助商业及办公及后勤区域位于与索道发车厅互不干扰的东西两翼。连通冰雪乐园的轨道出发厅及地下停车与设备用房位于地下一层。

设计中通过出挑屋檐减少中午太阳辐射，双层 low-e 中空玻璃减少太阳辐射。屋面采用高太阳反射材料，充分考虑建筑的自然通风、自然采光、玻璃隔声、雨水收集、中央天井的通风散热，并增加空气质量检测系统。

设计评述

项目整个场地拥有壮阔的雪山视野，建设用地充足、开阔，轨道线开通后可以缓解场地内交通压力，并带来大量集中人流，拥有独特的旅游资源及完备的基础设施。新规划的轨道线位临近场地中心，新的集散中心连接了相对分散的保留建筑，且建筑形态优雅、轻盈，高原花海的寓意美好且恰当。设计呼应了整个建设周期对场地功能的动态需求，模数化的建筑呼应了旅游旺季淡季对建筑功能的动态需求。

北侧集散中心应深入研究集散中心的特征，从数据核算入手，核算发车位数量。应考虑建筑的可实施性及预制建筑技术的应用。南侧集散中心应该解决好地面交通流线，提高地面停车数量，兼顾景观植被的种植密度。

主要设计人 • 徐聪艺　张　耕　张　翀　杨自力　李成程　刘洁颖　芮　智　李庆植　卢子愈　陈炎木　周彤升　王庆鑫　姜佳男　程福营　张叶琳

鸟瞰效果图

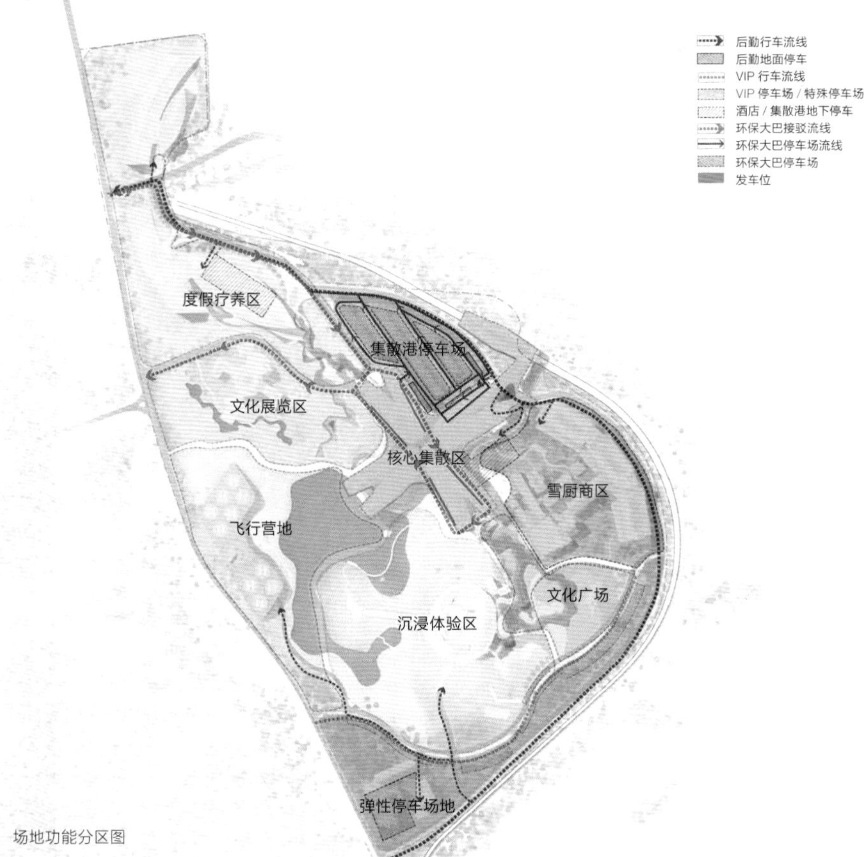

场地功能分区图

鸟瞰效果图

室内效果图

郑州主城核心区新时代复兴计划

二等奖 • 城市规划与城市设计 / 一般项目

• 独立设计 / 中选投标方案

项目地点 • 河南省郑州市二七区

方案完成 / 交付时间 • 2019 年 12 月 28 日

设计特点

项目位于郑州市二七商圈的核心区域，用地 100 公顷，平均容积率约 3.2，规划用地以商业、商务、办公为主。方案以城市复兴为抓手，旨在改善老城区居住环境、完善城市功能、提升产业能级、重塑城市形象。

规划通过扩建二七广场、建设地上地下一体化工程，让二七纪念塔重新成为郑州人民心中的“家园灯塔”；将城市公园和绿色生态融入公共空间中，让步行空间体验更加舒适休闲；提出要从供给侧发力来扩大开放服务业的发展，营造良好营商环境及人文环境，整合优势资源、增强创新活力，创造高品质的消费场景，努力建成郑州“夜经济”消费的领头羊。

通过重新梳理二七广场周边的交通条件，提出建设“稳静街区”，让城市“安静”下来：建设无车区，打造以公共交通为导向，适于步行的小型街区，优化多元化慢行体系建设，提升步行环境品质；营造特色空间来创造文化氛围，打造更生态、更有趣、更精致的文化休憩场所。

设计评述

方案突出的亮点是对这一地区交通规划的重大调整和二七步行广场的设立。它从根本上解决了困扰郑州市民多年的二七广场杂乱难治理的难题。二七广场应当是郑州市民的精神家园和郑州市的城市会客厅，体现城市的丰厚历史文化和精神风貌。因此广场的打造要坚持庄重大气的原则，北广场以休憩游览功能为主，南广场以集会活动功能为主。规划从宏观角度统筹历史建筑的保护与利用，既保护了历史建筑风貌、留住各个时代的城市记忆，又通过产业功能提升、建筑内外更新的方式赋予了历史建筑新的身份面貌。

整体方案切实可行，高度站位国家中心城市的视角，传承传统文化，对现有老城进行了有机更新，通过对空间、建筑、交通、产业的全面更新，奠定了老城核心区复兴的基础。

主要设计人 • 吴　晨　伍　辉　崔　昕　吕文君　郑　天　秦　弘　李文博　刘　钢　施　媛　马振猛　蔡雨桐　杨　蕾

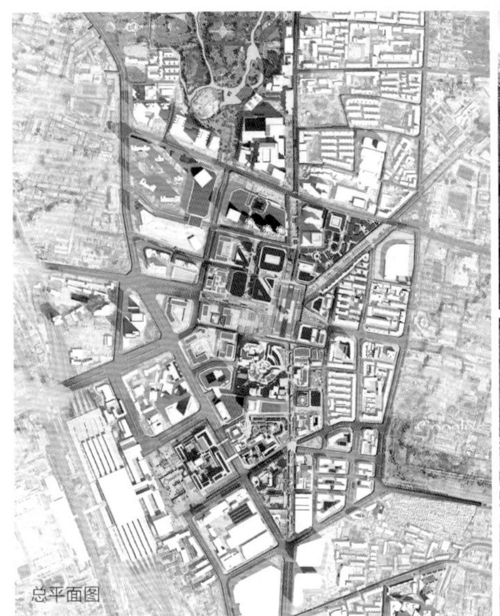

总平面图

地下空间剖面图

德化步行街城市设计鸟瞰图

德化步行街城市设计鸟瞰图

华联商厦室内效果图

光彩市场城市设计效果图

中原大厦组团城市设计效果图

中原大厦组团城市设计效果图

凯州新城规划馆

二等奖 • 公共建筑／一般项目
• 独立设计／非投标方案

项目地点 • 四川省德阳市中江县
方案完成／交付时间 • 2020 年 4 月 17 日

设计特点

凯州新城规划馆“凯州之窗”既是凯州新城的重要公共空间，也是凯州新城对外展示的最直接“窗口”。项目用地在金中快速路东侧，总占地面积约 1.4 万平方米，场地背山面水，建筑功能主要包括展览、办公以及食堂。

建筑整体布局依山形就水势，主立面形体开“窗”。透过这扇“窗”，前水后山形成对话，建筑具备了与自然环境沟通的能力，形成了人与自然对话的新的时空格局。“窗”成为视觉的焦点，成为内外联系的通道，更成为吸引人们关注，向外界展示凯州的自然景观、人文历史和未来发展的一扇窗。为进一步强化“窗”的概念，一座飞桥穿过建筑，连接山水，体现新建筑的诞生来自于对人与自然密切关系的思考。

项目在场地设计中，采用下凹式绿地，有效收集和管理雨水。在建筑热工方面，西侧立面石材幕墙无开窗，有效减少西晒的影响；种植屋面提升屋顶的保温隔热性能。在自然采光通风方面，通过屋顶天窗和通高中庭，室内获得更多自然照明，当天窗开启时，利用烟囱效应，形成良好的室内通风。

设计评述

本建筑完善了整体项目用地的空间格局，丰满了当地的文化氛围与办公功能。在整体场地中，建筑与对面的湖水以及背面的山体形成轴线布局的方式，突出了人行与视线及仪式的空间序列。在建筑主入口南侧设置的下沉至湖水平面等高的长堤与平坛，增加了场地的趣味性与艺术性。

本建筑选择并使用了具有传统韵味的当地材料与建造方法，强调了建筑的地理文化特性与在地性，突出了整体立面的标志性及其与天地、自然合一的属性，建筑造型前后主立面层次丰富、逐步递进、前后对比明显，这使建筑的形象丰富又和谐。

通过顶部连廊与天井的使用，使建筑形象与功能之间形成了呼应并互为隐喻，这也使建筑对使用功能以及采光功能的诉求显现得更加含蓄，并在光影变化中表现出中国传统建筑的和谐神韵。

主要设计人 • 朱小地　贾　琦　罗　盘　孙晓倩　李　燚

鸟瞰效果图

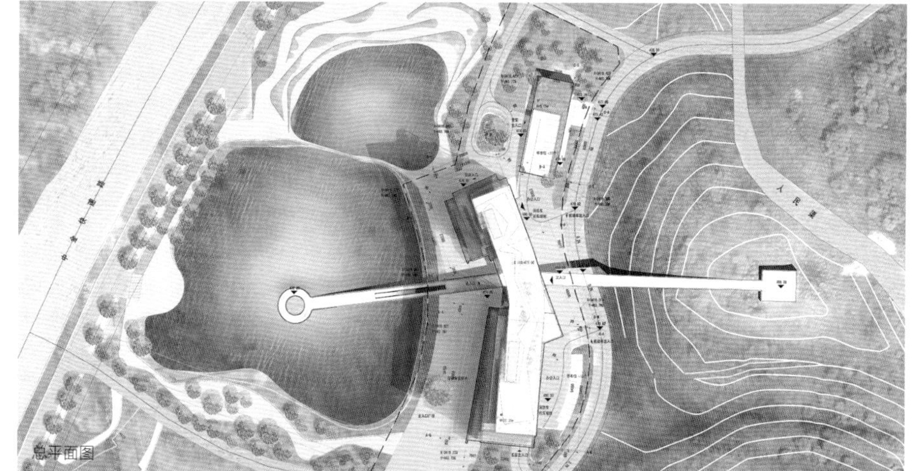
总平面图

主立面透视图

室外透视效果图

室内透视效果图

建川博物馆综合陈列馆

二等奖 • 公共建筑／一般项目
• 独立设计／非投标方案

项目地点 • 四川省成都市大邑县安仁古镇
方案完成／交付时间 • 2020 年 2 月 26 日

设计特点

建川博物馆综合陈列馆位于四川省成都市大邑县安仁古镇的建川博物馆聚落中，用地南侧为游客中心，西北侧为日本侵华罪行馆，西南侧为建川剧场，南侧为绿地，东侧为绿化停车场，是聚落中体量最大的博物馆。以场地为中心与各个博物馆之间的连线对建筑形体的形成产生诱导和提示的作用，并通过室内外的景观视廊规划加以强化，突出建筑在博物馆群落中的统领地位。综合陈列馆建成后将用于举办“中国共产党百年礼赞”展览。

建筑由若干巨型的体量构成相互碰撞的形态，并且由低到高、由小到大形成一个发展的态势，喻示着中国共产党带领全国人民砥砺前行的伟大精神。 这些大体块外饰面采用红砂岩，充满了悲怆与力量之感，给人留下深刻的印象。体块之间夹杂大小不一的空隙，可使室外阳光照射进内部的展厅，让观众可以不断地感受到光明就在前方，感受到希望。入口处星形体块切削将星火燎原的概念从广场引向建筑。

本案集中布置室内展厅——中国共产党百年光辉历程的十个主要阶段组成 10 个展厅，曲折迂回的流线串联起 10 个展厅——让参观者重新回顾历史，立足现在，展望未来。在最后到达的展厅西侧为一整面的玻璃幕墙，光线可以直接照射进来。玻璃墙面设计成党旗飘扬的形状，并悬挂着党徽，形成一面建筑上的巨大党旗迎风飘扬，党徽迎着阳光熠熠生辉的场景。

屋顶之上设计了一条曲折的路径，由广场通向屋顶的最高处。这条路径有 10 个转折，每个转折路段设有十步台阶，合计共 100 步台阶，隐喻中国共产党在一百年间不忘初心，不断求索。

在用地南侧预留广场用地，并作为未来发展用地，体现适用、经济性原则。场地和建筑均采用可循环、可再利用建材。

设计评述

项目广场空间尺度、场地气氛营造、入口空间细节、展厅流线布置等方面，均体现了设计者的细致推敲与斟酌。建筑造型现代大气，气势恢宏，充分体现了力量之感。建筑外观采用红砂岩，大胆有力，是一次材料与设计的尝试。建筑本身也是一个大的展品，让参观者有不同的观感体验。

内部展厅功能组织现代、开放、多元，注重参观者的沉浸式体验及积极性参与。在满足展陈的基础上摒弃重装饰，用建筑本身的空间关系来体现精神之崇高和审美。

主要设计人 • 朱小地 金国红 陈 莹 武世欣 李 昂

屋顶鸟瞰效果图

外景效果图

室内效果图

夜景鸟瞰效果图

北京市怀柔区综合文化中心

二等奖 • 公共建筑／一般项目
• 独立设计／非投标方案

项目地点 • 北京市怀柔区
方案完成／交付时间 • 2020 年 6 月 20 日

设计特点

怀柔区综合文化中心集博物馆、文化馆、实体书城及非遗展厅于一体。建筑面积 2.16 万平方米，其中地上 1.49 万平方米，地下 0.67 万平方米。设计提出城市生活多面体的概念，在文化馆及博物馆中设置实体书城、非遗展厅等业态，进一步丰富项目的功能，各功能之间通过广场、庭院、连桥等设施紧密相连。

设计充分发挥文化类建筑在城市形象上的作用，大胆利用场地形状，将建筑物设计为三角体、圆柱体等几何体量的组合，用简洁的几何形体表达怀柔山水的意向以及文化馆、博物馆的人文气息。建筑最大化利用场地南侧与西侧沿街展示面的价值，在场地面积较小的情况下尽可能地退让出市民广场，并将主入口设在展示面上。主要立面采用暖色石材幕墙，使其整体形象简洁庄重，同时具有较高的辨识度。

建筑底部两层设计为一个整体，将博物馆和文化馆的大堂、大型排练厅、报告厅、实体书城等功能置入其中。二层屋顶设计为屋顶花园，通过宽大的室外楼梯与城市生活产生互动。三层至五层为博物馆、文化馆的展厅、教室等功能。

设计评述

怀柔区综合文化中心项目是怀柔区政府综合了区文化馆、博物馆、非遗展厅及实体书城功能，为区域内群众提供更优质、高效的综合性文化服务，全面提升怀柔区公共文化服务配套而提出的重要项目。项目用地位于城市路口，面积较为局促且包含功能众多，因此如何在保证各使用功能布局、流线合理不交叉的前提下，进一步实现供市民使用的大面积城市公共空间成为设计的难点和关键点。

方案设计充分利用了用地的建筑密度条件，设计了完整的建筑底座，将不同功能的出入口流线分散布置；同时将二层屋顶花园作为市民活动场所，巧妙解决了场地局促的问题 。

造型设计简洁，设计感强，具有文化类建筑的气质及地标性建筑的辨识度。

主要设计人 • 边　宇　张　阳　赵亦涵

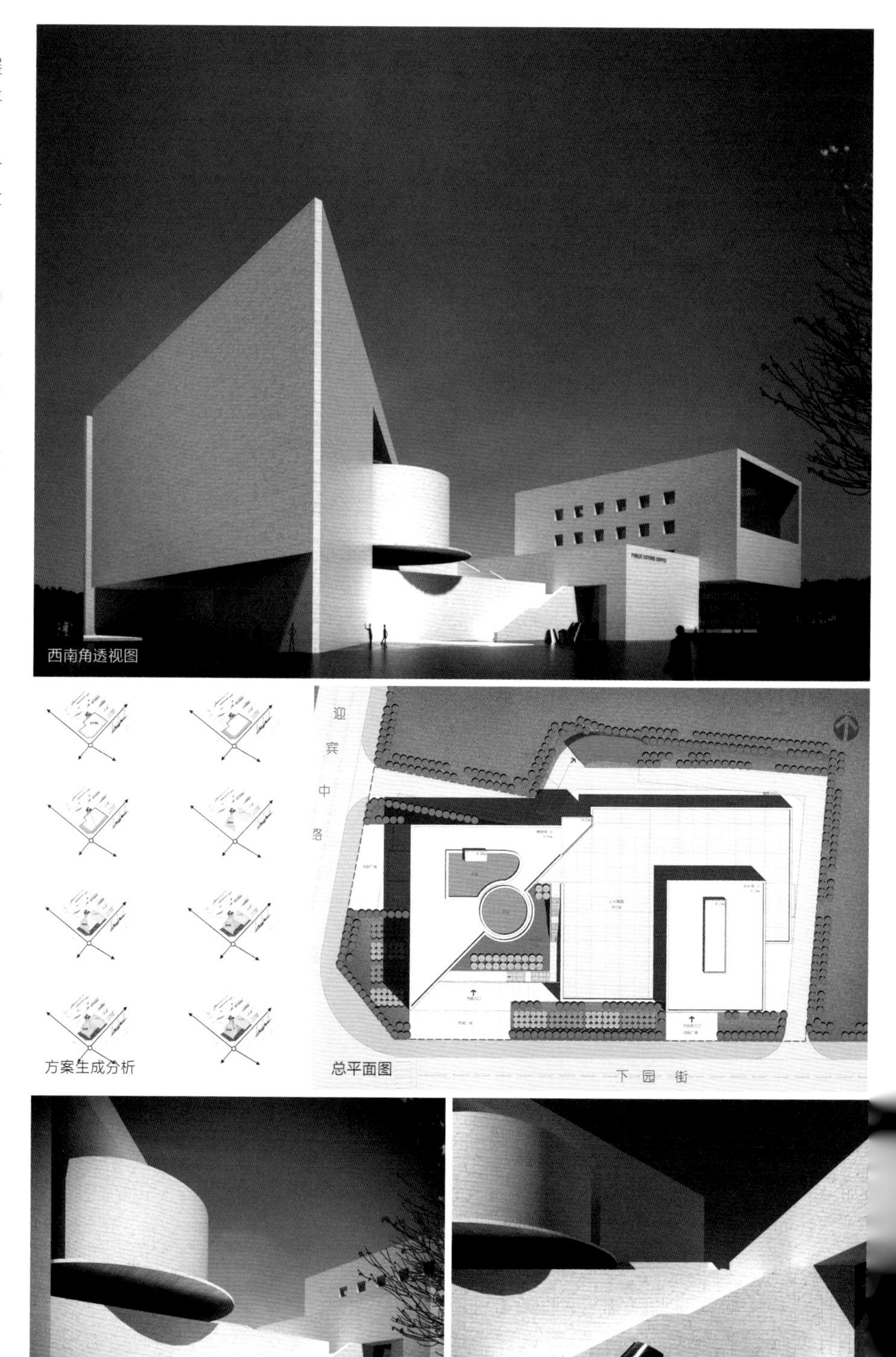

西南角透视图

方案生成分析

总平面图

非遗展厅入口广场

非遗展厅入口水池

冥想空间

冥想空间通往二层

博物馆采光中庭

唐山凤凰新城综合体

二等奖 • 公共建筑／一般项目
• 独立设计／非投标方案

项目地点 • 河北省唐山市路北区凤凰新城
方案完成／交付时间 • 2020 年 5 月 28 日

设计特点

项目位于河北省唐山市路北区凤凰新城，总建筑面积 3.58 万平方米，高 45 米。场地南临长虹西道，北临城市景观绿化带，东距城市主干道友谊北路约 100 米，交通方便，位置极佳。设计希望打造一座扎根城市、服务市民、连接城市与人的全新综合体，使之成为唐山面向未来发展的新名片、共享活力新生活的新平台和唐山未来重要的标志性节点。

设计利用高度条件，将空间拉开，为城市功能的进入创造条件；把交流互动、公园绿地、城市广场、展览空间等城市公共空间融入建筑；结合自然条件和不同功能的特性有机地形成建筑空间，连接城市。

建筑功能围绕独具特色的森林客厅展开。森林客厅向整个城市开放，与展览交流等公共活动空间之间有着良好的视觉联系，营造了绿意盎然的活跃空间氛围。展览与商业空间分布于建筑低层，能够更好地提升公共参与度与开放性。酒店功能位于建筑高层，保持私密性的同时能够拥有良好的城市景观视野。

设计最大化释放自然通风潜力，减少使用空调，使得室内外更舒适；采用高太阳反射值的屋面材料，增加反射太阳热量的能力，从而减小城市热岛效应和建筑制冷需求；通过 CFD、太阳辐射热、遮阳、自然采光潜力等计算机分析手段，优化室内环境调控。合理开发地下空间用于商业和停车，让更多地面空间用于绿化。ETFE 膜为室内带来更为舒适的光环境。

设计评述

建议进一步考量在建筑中设置城市客厅的合理性，充分做好前期分析研究，依据研究内容和人群需求进行修改；同时，调整流线和布局。

建议思考整体结构逻辑和结构选型问题，考虑幕墙和结构的配合问题，如何达到设计中的弧面幕墙效果。可采用与结构相同的模数来设计幕墙，在早期对整体进行优化，降低后期实施的难度。

在北方地区建设这种有着大体量室内空间且外表面以玻璃幕墙为主的建筑有一定的难度，在确保室内环境舒适宜人的同时也要确保建筑整体的节能环保。

主要设计人 • 徐聪艺　张　耕　张明涛　杨自力　安　聪
陈焱木　梁　珂　芮　智　刘洁颖

城市鸟瞰效果图

东侧主入口夜景效果图

城市客厅效果图

西南角夜景人视效果图

山东淄博高新区文体中心

二等奖 • 公共建筑／重要项目
• 独立设计／非投标方案

项目地点 • 山东省淄博市高新区
方案完成／交付时间 • 2020 年 4 月 20 日

设计特点

山东淄博高新区文体中心位于高新区中心，区位、景观优势突出，建筑面积约 2.28 万平方米，容积率 1.41，建筑密度 37.25%，绿地率 25.78%。

项目基地为三角形，西侧为体育公园。机动车从北侧及东侧进入项目基地，并在西侧进入地下车库。整体设计为开放式架空活动空间，人行可从北侧、西侧及东侧进入项目基地，并到达各个不同功能空间；通过台阶及坡道等将人流引导至首层庭院及二层架空平台空间，并通过活力环联系建筑与景观，在中间形成一个融合状态的活动空间，既有建筑也有景观。

希望通过比赛场地下沉的设计方法，保持地面的可通行性，保证运动场地的空间完整性，使体育活动中心不再是一个步行的阻隔，可以更好地融入街区中。建筑为地景式建筑，通过优美的曲线，结合场地的形状，从场地的三个方向向上生长形成与环境融为一体的造型。夏天时，文体中心作为城市公园的一个绿色延伸，成为整个城市的中心，为市民提供一个充满欢乐的活动场所。

建筑为 3 层，首层为汽车库及设备用房、游泳池、健身房、篮球场、棋牌室及体质检测中心、文化馆，二层为规划展览馆及文化馆，三层为城市书房及传统文化展示中心。

设计评述

方案结合体育公园概念，打造出宜人、生动的体育文化空间。建筑整体形态与空间尺度变化丰富，能带给游览者特别的空间体验。

主要设计人 • 黄皓山 林晓强 陈梓豪

鸟瞰效果图

首层架空层效果图

三层展厅效果图

北京医学院附属中学改扩建

二等奖 • 公共建筑／一般项目

• 独立设计／非投标方案

项目地点 • 北京市海淀区花园北路

方案完成／交付时间 • 2020 年 4 月 5 日

设计特点

项目用地面积 1.98 万平方米，总建筑面积 3.87 万平方米，其中地上建筑面积 2.28 万平方米，容积率 1.15，建筑高度 24 米，地上 3~5 层，地下 1~2 层；主要结构为装配式钢结构。

设计尊重周边环境，建筑沿用地边缘“L”形围合布局的方式，实现教学空间效率最大化和户外运动场地最大化，同时不影响周边住宅的日照条件。北侧及西侧沿城市道路以横长取得尺度优势，形成完整校园形象，通过主入口巧妙的立面设计，形成既独立又开放的城市印象。

为提高用地效率，设计在竖向上创建多层次的“地面”场所。下部包含较大体量的体育馆，沉入地下弱化建筑体量；为满足自然通风、疏散采光要求，嵌入下沉庭院。上部则布置对日照需求较高的教室、实验室和办公室，并充分利用屋面场地。

建筑立面采用现代的设计风格，外墙采用 ALC 外墙板保温装饰一体化设计，整体形象上既庄严大气，又丰富多变，体现了形式与功能的和谐统一。围绕下沉庭院、屋顶体育场，设计通过高低错落的景观框架体系组织建筑外部空间，创造了丰富的立面景观环境。

项目应用了多项绿色节能技术，如设置光伏发电、太阳能热水及中水处理系统，下凹绿地及透水铺装率高，充分收集、回用雨水，充分利用自然采光及通风；不利朝向设置有效遮阳等。

设计评述

方案为满足新时代教育需求，结合现代化教育理念，对教育建筑进行了探索，在方案设计中克服各种限制条件，最终形成独具特色的技术解决方案。方案具有如下特色及亮点：

（1）土地利用集约高效——平面布局紧凑，充分利用地下空间，最大限度获取自然采光和通风来激活地下空间。大体量风雨操场下沉，弱化建筑体量的同时便于利用其屋面作为室外运动场所。贯穿建筑的竖向采光内庭连通地上地下形成丰富灵动的多样化空间，满足新时代的教学模式需要。（2）采用装配式建造技术及多项绿色节能技术——采取绿色建筑整体设计策略，充分利用场地空间，打造与自然环境相宜的绿色建筑；利用可再生能源与可再生水，设置光伏发电、太阳能热水及中水处理系统等。考虑到该项目用地紧张，施工作业面小，环保减排减噪需求突出，采用装配式建造技术。主体结构为钢结构，装配率近 60%。

方案的设计理念及技术措施望在后续的深化设计中落实到位，打造高完成度的精品设计。

主要设计人 • 和　静　李乃昕　任　烨　李　洁　赵　坤　米　岚　罗天煜　杨　睿　杨忆妍　纪　铮

西北鸟瞰效果图

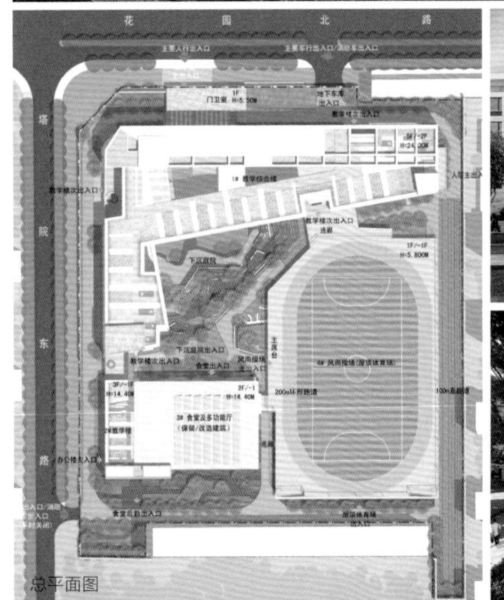

总平面图

入口立面效果图

下沉庭院效果图

中庭空间效果图

北京师范大学上饶学校

二等奖 • 公共建筑／一般项目
• 独立设计／非投标方案

项目地点 • 江西省上饶市
方案完成／交付时间 • 2020 年 5 月 30 日

设计特点

校区整体规划采用“未来书院”设计理念，并引入综合体式校园建筑布局策略，具有高效性、复合性、弹性的空间特点。

校区由南至北依次是幼儿园、小学部、综合服务楼、中学部、文化传播中心，其中综合服务楼位于校园中心，是连接校园各级部师生的纽带。各教学组团高效连接并相对独立，宿舍及教师公寓与教学综合体之间采用室外风雨连廊相连，可以给雨雪天的校园通行带来便利。

设计将校园理解为一个微型城市，因此营造出许多类似于城市空间的场所：广场、庭院、台阶等。这些多样化的场所给学生们提供了不同尺度的游戏角落和有趣的空间体验，并试图激发他们的好奇心和想象力，使他们在游戏中去释放个性。整个设计造型比例适度、空间结构美观，外观明快、线条简洁，体现了中学生青春活泼的个性。

学校采用具有江西地域特色的粉墙黛瓦和具有北师大特色的灰砖和木栏建构，以现代手法诠释传统双坡屋面。校园内置入北师大的木铎金声和文化积淀，在设计上注重建筑空间变革，创建多样的公共空间，符合教育变革要求。

设计评述

设计对北师大及上饶当地文化进行了呼应，造型新颖、有特点。根据使用功能以及学部分区，将校园规划为五个部分，通过连廊和平台连接形成有机的整体。设计充分考虑了用地的现状条件，通过台地景观及建筑空间解决场地内的高差；通过对周围环境的分析以及对校园未来使用及发展的考虑，进行了合理的功能布局，使其分区明确有序。

建筑组团内分别设置庭院景观，由街巷串联，通过不同层次的景观的布置，为学生、老师的学习、生活中的交流及其他活动创造丰富多样的空间环境，营造了具有实用性并兼顾趣味性的空间效果，使得内院与外部空间享有基本等同的景观环境。

主要设计人 • 王小工　王英童　盛诚磊　李轶凡　王征妮
杨秉宏　张月华　李　静

鸟瞰效果图

透视图

透视图

透视图

透视图

透视图

综合服务楼内院

北京市通州区瓮城遗址公园

二等奖 • 公共建筑／一般项目

• 合作设计／非投标方案

项目地点 • 北京市通州区运河商务区

方案完成／交付时间 • 2020 年 6 月 10 日

设计特点

项目基地位于大运河畔，北靠运河商务区和东关大道，南邻新华东路，地块轮廓呈三角形，城市交通主干道交汇于此，是周边的城市交通集散地。面对一个复合功能的多层次场地，希望利用一个元素来联合所有不同的功能，让所有元素能够有机地统合在一起。在 2 万平方米的狭小用地上，通过立体复合的方式，满足了交通换乘、遗迹展示以及市民公园三大功能。

本着尊重文物遗迹、尊重历史界面的出发点，在老通州的历史标高上打造了一个下沉广场，在保证功能的同时尽量在有条件区域形成实土绿化；同时，充分利用天窗等手段，将自然光线引入地下空间。建筑通过不同的材质，暗示不同的界面——在地面景观层采用现代的设计手法以及铺装形式；而在发现瓮城的历史标高，采用古朴的石质界面，暗示时间的断层，以及历史的重现。

设计评述

项目是车站与周边环境一体化相结合的典型案例。除了解决两线换乘的问题，同时扩大了站厅，提升了换乘的品质，可与周边地块友好地连接。瓮城的出现给车站增加了文化的气息，给车站一体化设计也增加了新的含义和内容。最终形成了车站站厅、瓮城遗址博物馆、城市古城墙公园三种功能相结合的多功能综合体。

解决好三者的功能关系和空间感受，是这次设计的重点和亮点。通过园林的手法，利用下沉广场把三者结合在一起，功能互补，相互贯通，流线顺畅，给城市创造了一个新的空间形象，提供给市民新的活动空间，提高了幸福感。该项目是一项惠民工程，对今后车站一体化的设计起到示范作用。

主要设计人 • 李　晖　罗　岩　王英侠　亢晓宁

鸟瞰效果图

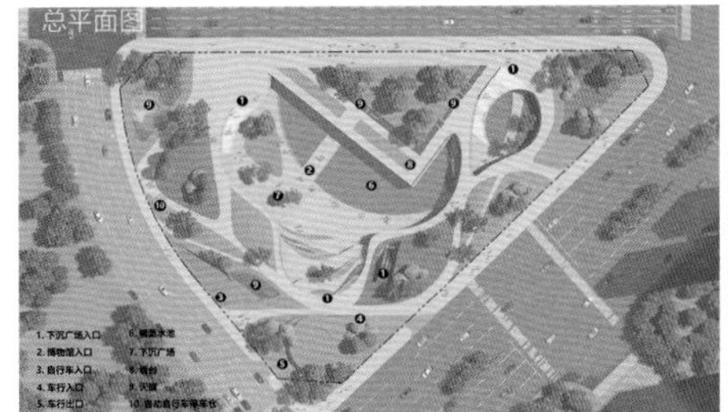

总平面图

广场效果图

广场效果图

瓮城遗址博物馆效果图

景德镇世界传承者度假区

二等奖 • 城市规划与城市设计／一般项目

• 独立设计／非投标方案

项目地点 • 江西省景德镇市

方案完成／交付时间 • 2020 年 6 月 12 日

设计特点

规划以“凤凰还巢”为主题，取龙窑之形，传千年不熄的文化之火。借助规划区内自然生态环境肌理，融合城市复兴理念，依托昌江、规划内环路为基本框架展开布局，形成“一心两翼”的空间结构形态。“一心”：指景德镇凤凰国际会议中心（世界传承者论坛），位于昌江东侧、龙口里南侧用地。“两翼”：指世界传承者展示区和世界传承者住宅区。传承者住宅区沿昌江布置，包括原 897 厂大部分厂区用地。传承者展示区沿规划内环路北段布置，包括韩源村、范家咀、韩源敬老院等用地。

设计评述

项目以“凤凰还巢”为主体，结合现状场地北端“龙口里”、“凤凰咀”寓意龙凤呈祥，寻觅栖息佳所，通过“一心两翼、引凤回巢”的规划结构，打造成有人气、有文化、有温度、有情感链接的情景体验国际会都。建议涉及人防事宜与人防部门衔接，补充项目立项支撑文件，核算防洪和排涝工程建设要求。

主要设计人 • 吴 晨 段昌莉 马振猛 杨 帆 赵 斌 王 斌 吕文君 刘 刚 郑 天 施 媛 伍 辉 孙 慧

会议中心鸟瞰效果图

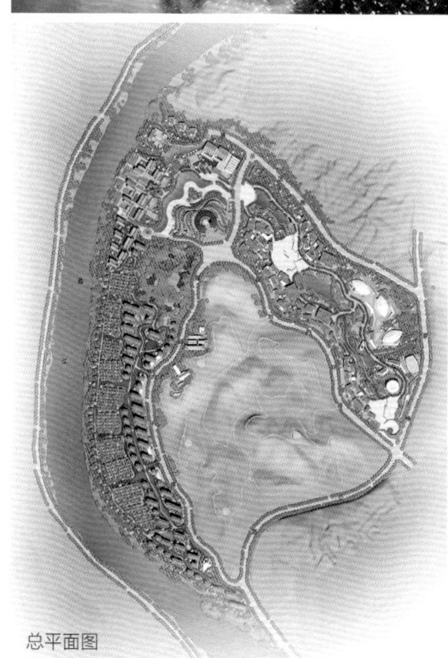

总平面图

第二会议区效果图

展示区水景效果图

传承者影棚效果图

传承者展示区鸟瞰效果图

景德镇凤凰国际会议中心酒店

二等奖 • 公共建筑／一般项目

• 独立设计／非投标方案

项目地点 • 江西省景德镇市

方案完成／交付时间 • 2020 年 6 月 12 日

设计特点

项目位于景德镇市浮梁县 897 厂区旧址内，集星级酒店、国宾接待等功能于一体，设计遵循标志性、适应性、协调性三原则。

项目用地周围依山傍水，昌江从用地西侧穿流而过，周围是风景绝佳的浅山丘陵，植被葱郁。总体布局强调整体形象的同时，将功能与自然完美地结合在一起，也为会议中心提供了基础辅助功能。

设计评述

此项目以功能与自然景观相融合为理念，结合现状设计临水景观的同时考虑泄洪等方面因素，以现代主义风格，打造成有人气、有文化、有温度、有情感链接的情景体验国际酒店。建议对区域内与其他功能的衔接，以及区域内游园流线进行进一步的深化设计。

主要设计人 • 吴 晨 段昌莉 马振猛 杨 帆 赵 斌 王 斌 吕文君 刘 刚 郑 天 施 媛 伍 辉 孙 慧

西侧鸟瞰效果图

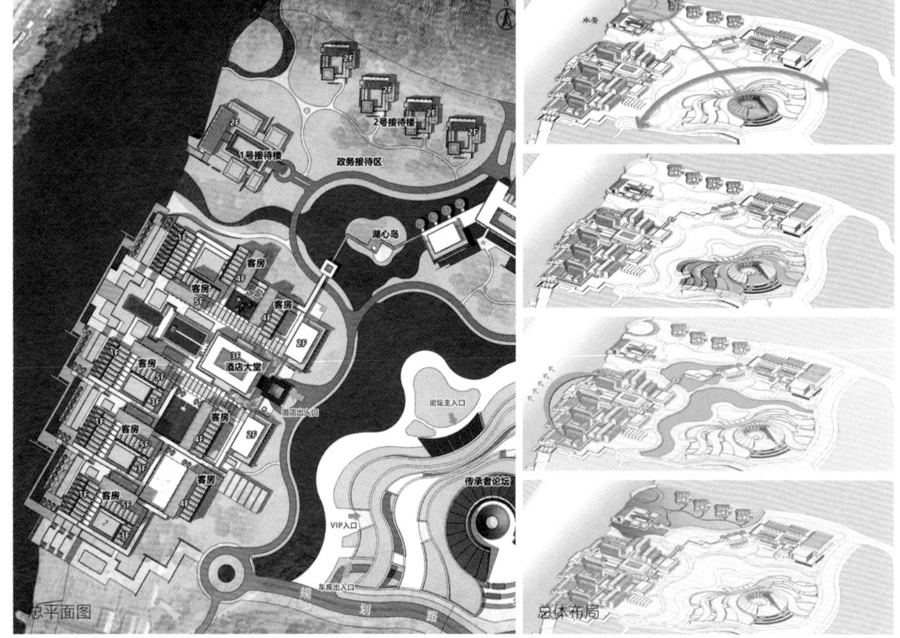

总平面图

总体布局

建筑主入口

北文绍兴影视综合体概念性规划

二等奖 • 城市规划与城市设计／一般项目
• 独立设计／非投标方案

项目地点 • 浙江省绍兴市柯桥区
方案完成／交付时间 • 2020 年 3 月 10 日

设计特点

项目位于浙江省绍兴市柯桥区，总用地面积 8.26 公顷，地上建筑面积约 19 万平方米，容积率为 2.3。地块周边河道密布，湖泊众多，风景宜人。设计相互因借、互为风景，同时营造“山脚下炊烟袅袅”的城市形态，为水岸增添一景。

规划打造“一轴两带多点”的空间结构体系，运用沿街高大、沿河矮小的布局方式，通过内部商业街及广场节点连通整个园区空间，形成沿街至沿岸空间和视线上的贯通；将“桥”引入空间设计，营造具有地域特性的小镇；通过不同高度的连桥连接园区各功能，行成多层次的步行系统；为增强地块可达性和交通便捷性，在地块东侧沿岸设置码头，西侧设置覆盖整条街区的公交系统和共享单车停放点；鼓励和引导园区使用者优先考虑步行，创造开放舒适的办公、游览环境。

沿街界面采用大体量高贴线的设计手法呼应城市，同时通过下穿、架空、体块错落等形式消除对城市的压迫感，并且与河岸形成景观通廊，与自然对话。沿河一侧采用小体量松散式的设计手法呼应自然，通过统一的颜色、相似的设计手法形成浑然一体的沿河建筑群；将水系的蜿蜒曲折抽象为迂回的下沉广场，使水巷与人家相映成趣；建筑形式上，通过对水乡传统建筑元素的现代演绎，使设计更好地融入城市；将节庆元素引入园区，丰富园区氛围。

设计评述

规划注重城市与自然的互动，注重可持续设计和近人空间设计，深度挖掘地域文化特色，形成符合当地气质的街区，为绍兴增添一景。

本案以贯穿场地的下沉广场连接各功能组团，分区明晰，布局合理。以“一轴两带多点”的空间结构体系串联商务核心区、产业核心区、文旅配套区，统领整个规划设计。沿城市道路注重形体的城市性，沿河一侧注重形体的自然性，使街区形成有机整体。

在交通规划方面，设计多体系多维度交通系统，通过多层次的步行体系，共享交通的搭建，创造意境十足的空间体验，为城市创造活力空间，为当地产业发展创造独具特色的办公、游览场所。在氛围营造方面，着重打造水乡意境，将“寥寥几笔，十里春风”的意境融入街区社区，形成独属于当地的影视文化综合体。

主要设计人 • 杨　勇　李　雪　韩　夏　贾钧凯
马文洛　房慧慧

总平面图

东南侧鸟瞰图

东北沿河效果图

沿河核心区效果图

北京中关村西区广场核心区城市设计

二等奖 • 城市规划与城市设计／重要项目
• 独立设计／非投标方案

项目地点 • 北京市海淀区
方案完成／交付时间 • 2020 年 5 月 12 日

设计特点

项目位于海淀区中关村西区核心地带，由多个地块组成，是中关村西区整体提升的重要空间与功能实体。其核心策略是打造新时代城市更新的典范、科技自主创新大国外交的客厅。形成产学研展商对接科创生态圈，混合功能布局激发全域活力；改变现有业态，新增文化体验、科技文创、产业服务，混合各类业态布局，激发不同业态的合力，增加沿城市道路科技文创业态，体现城市科技特征，增加产业服务功能，助力产业共享发展的生态体系形成。

方案力图结合西区现状，结合更新项目，提升区域的综合影响力，突出文化科技融合，充分利用存量空间设施，多态刻画文化与科技融合发展的核心载体与活力舞台；充分利用中关村西区广场公共空间，布局北京科技创新重大活动与典礼的永久会址，打造智慧信息展示与发布的窗口平台，打造国际级科创奖项的颁奖和聚会场地、科技成果展示客厅和文化科技融合舞台。

设计在空间上打造 24 小时友好亲人的绿色城市客厅，通过下沉庭院开放地下空间，形成多层次的立体开放的商业街区；打开下沉广场，激活绿地广场空间，引导地上地下人流有序互动，塑造复合开放的品质街区。远期扩大地下空间连通性，通过地铁层无缝串接更多地块，打造共享开放的地下混合活力街区。

设计评述

中关村西区城市更新是落实北京新总规，从增量扩容走向存量提质，从城市扩增走向城市更新的标志性、示范性项目。

项目统筹考虑中关村西区核心区建筑、空间、市政设施的关系，结合项目实际，多角度协同业主、政府、驻区相关单位利益，形成共同更新合理，探索城市更新共谋、共建、共享、共治的新理念、新思路、新方法，形成切实可行的区域综合解决方案。

项目紧紧围绕北京总规对区域构建全国科技创新中心总任务及海淀“两新两高”总体发展目标，结合驻区的责任规划师工作实践，对区域的功能、空间、交通进行系统性梳理，综合海淀区委区政府中关村西区新型城市形态建设整体工作展开相应研究，取得了示范性的综合效果。

期望项目抓紧进入建筑更新设计与实施阶段，在实践过程中综合解决好城市空间、交通、能源与健康、智慧、可持续城市建设的关系。

主要设计人 • 黄新兵　吴英时　杨　苏　吴　霜　王子豪
王新宇　袁晓宇　屈振韬　刘力萌　栾鑫垚
曹敬轩　邹啸然　谢安琪　吴越飞　边　雷

日景鸟瞰效果图

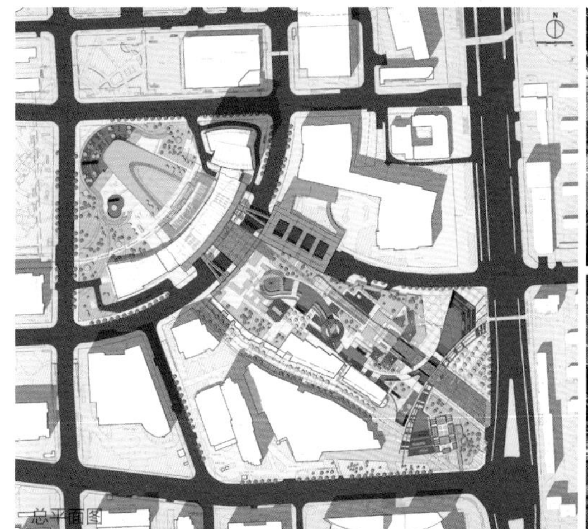
总平面图

场景效果图

场景效果图

夜景鸟瞰效果图

雄安设计竞赛——B 地块高校科研院区

二等奖 • 公共建筑／一般项目
• 独立设计／未中标方案

项目地点 • 河北省保定市雄安新区
方案完成／交付时间 • 2020 年 3 月 15 日

设计特点

方案以“淀泊台院”为设计理念，将雄安白洋淀的淀泊风光引入院区之中，塑造富于四季变换的院落空间，实现人与自然交融。建筑设计提取雄安的传统建筑群落肌理作为空间组织的基本元素，建筑布局与周边建筑空间相协调。立足于同自然景观融合，沿中央绿谷，兼顾片区内部科研建筑整体风格，将生态景观引入园区。空间设计以实用为基本原则，做到经济合理；建筑风貌考虑雄安的发展和城市更新，以现代建筑风格为主，保证院区整体的统一性与协调性。

首层和二层布置公共性较强的功能空间，方便使用者达到，提高空间利用率。上层布置科研实验、教室等空间；垂直分区明确相互之间相对独立又相互融合，便于管理。建筑共同围合出四个不同性格的庭院，以不同的景观理念塑造庭院空间，加强内外空间互动。

建筑立面采用统一的设计元素，由相同的模块单元组合拼接而成，便于使用装配式技术。

设计评述

方案提取传统院落空间为肌理、引入雄安淀泊风光元素，塑造了不同意境的台院风格，立意呼应当地文化特色，造型与区域协调统一，尺度符合小街密路的区域布局模式，用“坊墙”“飞檐”等元素诠释街坊意境，将淀泊风光引入院落之中，诠释与自然的和谐统一。

主要设计人 • 刘 淼 姬 煜 张 溥 雷永生 李兆宇

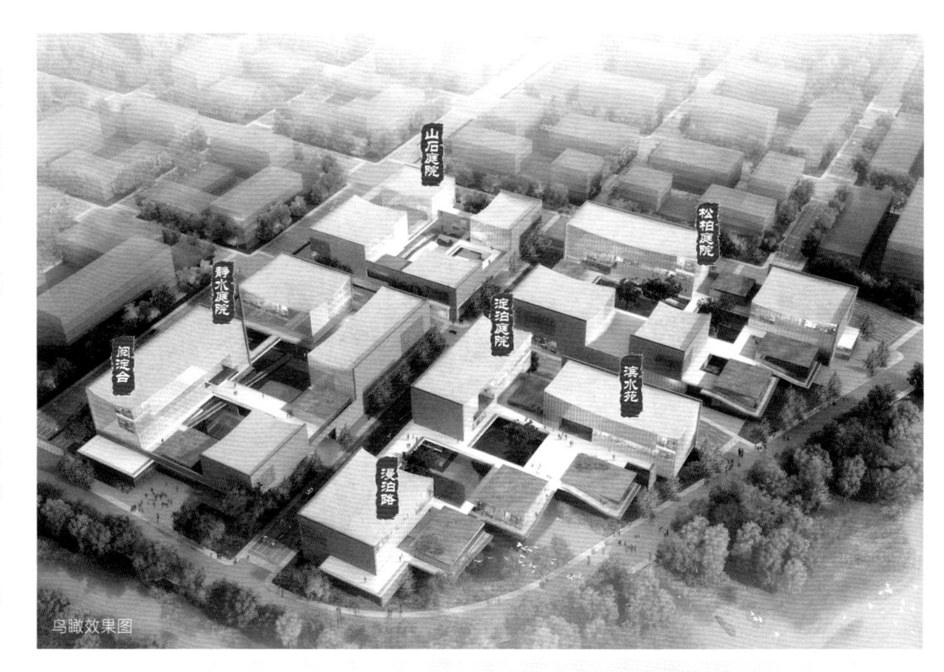

鸟瞰效果图

滨水视角透视图
静水院落春景图
淀泊院落夏景图
山石院落秋景图
滨水视角透视图
松柏院落雪景图

宜昌东站停车楼配套酒店

二等奖 • 公共建筑／一般项目
• 独立设计／未中选投标方案

项目地点 • 湖北省宜昌市东站片区
方案完成／交付时间 • 2019 年 12 月 25 日

设计特点

项目位于宜昌火车东站广场西侧，规划用地面积 1.6 万平方米，总建筑面积 8.6 万平方米，其中地上建筑面积 6.4 万平方米，项目容积率 4.0。用地东侧紧邻东站停车楼，北侧为高铁铁轨，西南侧为三峡高速，南侧为城东大道高架。

设计将商业和办公抬至空中，使得用地底层架空，成为一个开放的城市公园，以吸引更多的人流。办公位于公园上方，呈组团式布局，以实现资源的高效利用与共享。商业设置在办公层上方，与东侧停车楼联通，利用高铁站停车楼的流量优势与停车便利性，为商业带来更大的价值。商业为灵活布局的小体量空间，相互穿插，形成特色商街。屋顶空间成为一个别具特色的空中花园。

南北向主楼呈板式布局，完全隔绝北侧火车噪声，并争取百分百的南朝向。东西向设置一栋板楼与南北主楼呈围合之势，面向公园与城市。为了给酒店及公寓创造更优的景观视野，打造更具地标性的建筑外观，设计采用数字化设计方法，调整每户的视野方向，在最优化景观资源的同时避免 L 形布局带来的视线干扰，以此形成更具变化的立面效果。酒店东立面由 5000 个彩色色块组成的长江三峡航拍缩影构成，为宜昌东站片区打造一个具有宜昌特色的视觉焦点。

设计评述

方案创意较好，表达充分。平面功能合理，灵动且富有趣味性。首层架空的体育公园在效果图表达上很出彩，营造了很好的公共活动空间。在结构设计中，方案也有充分的考虑，为概念设计的落地提供了有力的支撑。

立面设计则采用参数化的形式，解决了 L 形布局带来的视线干扰问题，合理且富有创意性；酒店东立面更是融入了“三峡”的元素，形成了独特的标识性。

主要设计人 • 张　涛　汤　阳　季　珩　文　潇　孙思雨

街景效果图

总平面图

东站停车楼人视图

体育公园日景

深圳前海太平金融大厦

二等奖 • 公共建筑／重要项目
• 合作设计／未中选投标方案

项目地点 • 广东省深圳市前海合作区
方案完成／交付时间 • 2019 年 11 月 29 日

设计特点

项目位于桂湾片区中央活力区，方案旨在强调该区位的标志性特征，希望可以打造一个永久并结合当地传统和地域特色的地标建筑。

前海太平金融大厦灵感来自中国传统四合院。这一概念赋予整个建筑柔软起伏的形式和相互联系、渗透的形态。另一个设计概念是着眼于生活与区域——即大湾区。微曲面的外墙轮廓被立面流动的扇形中庭空间打断，回应四水归堂概念，营造立面流动的生动形象。建筑一方面强调竖向线条杆件的韵律感，另一方面强调玻璃幕墙通透、流动的意向，平面四个角的内凹处理体现了建筑拔地而生的力量感，细微的轮廓变化强调了角落空间。

设计评述

项目位于转角街区，突出了建筑的门户地位。设计成果很好地解决了建筑物的标志性特征，并在便于办公使用的同时，结合规划设计的要求与周边地块产生一定的联系。

设计不仅在建筑外形上提取四合院的元素，同时将四合院元素融合进建筑空间中，一系列中庭设计呼应设计主题的同时增加了空间的丰富性，优化了流线与功能。

主要设计人 • 李敏茜 刘嘉旺 杨 莹 王 琳 邝杨喜 徐梓钧

西向效果图

西南向效果图

西北向效果图

塔楼中庭效果图

办公区域效果图

办公入口大堂效果图

裙房中庭效果图

深圳市青少年足球训练基地（二标段）

二等奖 • 公共建筑／一般项目
• 独立设计／未中选投标方案

项目地点 • 广东省深圳市光明区
方案完成／交付时间 • 2020 年 3 月 25 日

设计特点

项目位于深圳市光明区公明街道李松蓢社区，是集训练、科研、医疗于一体的国家级现代化足球基地，同时满足各级青少年足球比赛的需求。规划总占地面积 19.6 公顷，场地由李松蓢排洪渠和规划道路划分为三块。西侧地块一设置 10000 座足球比赛场，中间地块二设置折线形布局的运动员综合保障中心，东侧地块三为足球公园。三个场地功能联系密切，通过二层的环形平台连接贯通。

足球场设计中充分结合体育建筑自身特点，采用绿色建筑技术：二层观众平台实现内外通透，非常利于看台和场地的自然通风与气流组织；设置高反射装饰材料的看台罩棚，并在顶棚设置采光窗口，在提高室外看台舒适度的条件下，充分改善内部看台及包厢层的自然采光条件；采用绿色智能体育照明系统和节能电器系统，降低运行资源能耗；采用场地绿色节水灌溉系统，充分节约水资源。

设计评述

方案整体性强，注重中心足球场与运动员综合保障中心楼两个主要体量对总体空间的限制和围合，色彩鲜明，具有现代感。

中心体育场采用一侧敞开的设计手法，建筑造型标识性强，造型新颖，体现了“开放赛场”的设计理念，立面设计有特色。运动员综合保障中心屋顶设计和立面设计丰富有变化。多处公共空间的设计也使建筑内部空间充满活力。

贯穿场地的二层公共平台，很好地将中心足球场、运动员综合保障中心和训练基地联系在一起，也体现了“超级平台”“星光大道”的设计理念。

主要设计人 • 郑　方　董晓玉　孙卫华　宋　刚　龙雨馨　朱碧雪　乐　桐　郝　斌　唐文宝　林志云　冯　喆　赵茹梦　陈　争

整体鸟瞰图

从运动员综合保障中心望向足球场效果图

足球场人视效果图

从足球训练基地望向足球场和运动员综合保障中心效果图

从足球场望向运动员综合保障中心效果图

华侨城济南精品酒店

二等奖 • 公共建筑／一般项目
• 独立设计／未中选投标方案

项目地点 • 山东省济南市章丘区
方案完成／交付时间 • 2020 年 3 月 18 日

设计特点

项目位于章丘区郊野，北邻绣源河湿地，总用地面积为 6.03 万平方米，建筑面积 3.58 万平方米，定位为高端精品酒店。设计在传统酒店基本构成逻辑的基础上，将经典轴线理论贯穿空间组织始终，同时将一些庭院向山水展开，试图在这个空间体验的容器中，融汇所在地书院文化和中国传统园林思想。

四合院落作为空间组织联系的基本模型。人们在穿越层层庭院的行进过程中，光影在变化，空间的尺寸和质感也在变化——进院的层次越多，每一重空间的体验和阅读维度的叠加越多。整个空间体系有节奏地精密交织在一起、结合游走的顺序和体验逐层递进，向游人展现出一幅具有散点透视关系的、与时空交织的长卷。

设计评述

对业主的需求和整个项目的定位分析到位，能够将空间、功能、造型融为一体，同时提炼出设计内核和精髓。

建筑设计布局合理、造型优美，功能齐全，环保节能技术领先。中式设计风格的基调和气质，对传统文化及当地人文精神是一种很好的延展和发扬；同时结合现代建筑设计语言，将中式元素与现代手法巧妙兼糅，给酒店设计注入了禅意东方新的气息，整体性很强。

主要设计人 • 金卫钧　回炜炜　张　伟

鸟瞰效果图

酒店主入口庭院效果图

内院人视效果图　　观景面效果图

绣源河畔效果图

援塞内加尔四座体育场维修项目

二等奖 • 公共建筑／一般项目
• 独立设计／未中选投标方案

项目地点 • 塞内加尔
方案完成／交付时间 • 2020 年 1 月 13 日

设计特点

项目原主体育场现状功能用房布局略为凌乱，部分房间功能已不能适应现代化体育场的功能需要，不符合国际田联、国际足联规则要求。维修方案以现状的平面功能布局为基础，结合塞方提出的看台下首层利用现有房间设置餐厅等需求，重新梳理、优化各功能流线设计，合理划分功能分区和防火分区。

主体育场西立面外窗增加遮阳措施，改善立面造型，通过设置遮阳膜消除西晒给建筑空间带来的不利影响。遮阳膜造型取自塞内加尔传统纹样，充分体现当地特色，同时为体育场带来了极具活力的外观。夜晚，比赛的号角吹响，夜景灯光照亮遮阳膜，将西立面变成一面巨大的屏幕，屏幕可以变换出塞内加尔国旗和其他简单的图案、文字，使体育场成为新的地标，给城市带来无限活力。

设计评述

维修方案解决了原总平面流线交叉问题和布局问题，如媒体房间少、无媒体专门座席，无单独出入口及 VIP 座席少，无专用通道等。在现有条件下，尽量满足国际足联的要求，增加疏散出口及疏散宽度，极大地改善了体育场的使用状况。

主体育场西立面外窗增加遮阳措施，同时改善了立面造型。立面遮阳膜取自塞内加尔传统纹饰菱形图案造型，契合国家文脉。结合灯光设计，改建的体育场给城市生活带来了新活力，成为城市的新地标。

主要设计人 • 冀海鹏　闵祥恒　郭娜静　张宇渟　段言泽
李思佳　郑文元　高鹏飞　张建朋　温燕波
朱海峰　董　坤　庞惠文　刘丹阳　董　梅

桑格尔体育场现状鸟瞰实景　桑格尔体育场维修后鸟

桑格尔体育场维修后鸟瞰效果图

桑格尔体育场现状总平面图

桑格尔体育场维修后总平面图

主立面效果图

主入口现状人视图

主入口维修后人视图

杭州小河公园

二等奖 • 公共建筑／一般项目
• 独立设计／投标结果未公布

项目地点 • 浙江省杭州市拱墅区小河直街
方案完成／交付时间 • 2020 年 5 月 11 日

鸟瞰效果图

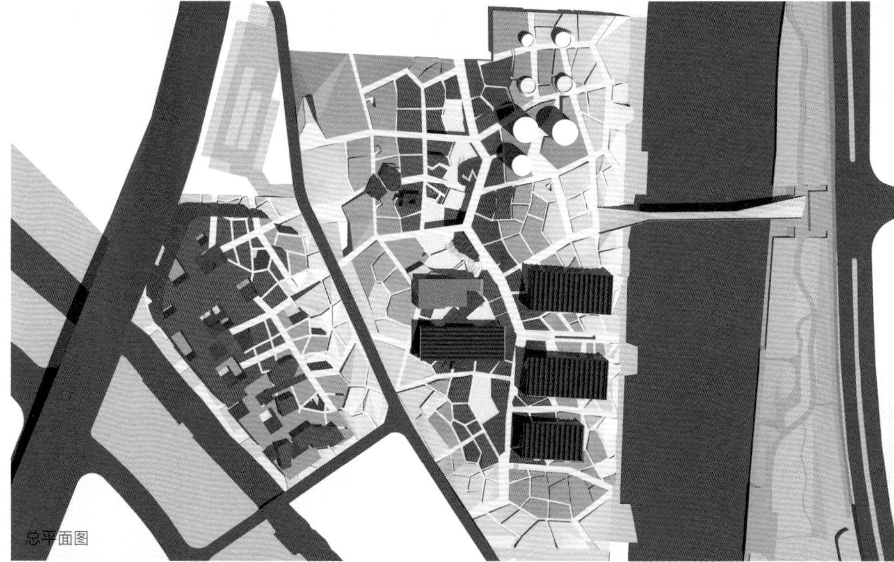
总平面图

庭院办公

演艺广场

下沉商业

城市更新

设计特点

小河公园项目是在原有的小河油库场地上，充分考虑地块独特的空间、区域特征，挖掘独特水运交通文化，利用历史保护建筑、构筑物及油罐等特色元素，结合项目独特地理优势，打造集文化艺术、家庭亲子、创意展示、公共休憩于一体的文化地标类综合公园。

规划以“沧海桑田”为题，唤起人们对农耕时代的追忆。将“桑基鱼塘”大地景观抽象处理为规划方案的网格图形，为设计提供了全新的表达形式。地块分区可以自由地根据功能需求展开各种适应性的调整，同时每一个地块的材料使用也具有极大的灵活性。

充分利用现有的建筑，融入新功能，如运河图书馆、桑田博物馆、室外展区、农耕体验区、下沉商业街、露天演艺广场、耕织手作体验区等。景观处理中，将农田景观抬高，步行道路降低，突出其观赏性，强调人与自然的互动，塑造风吹草低的田园景观。

设计充分利用项目所在地区的自然可再生能源，除自然采光外，还设置智能控制系统、光线传感器、人体探测器等。公园的灌溉优先采用雨水，并采用喷灌、滴灌等技术；设置生物滞留设施、渗透塘、雨水湿地、生态沟渠、绿化屋面、透水铺装、下凹绿地等措施，形成公园的微气候循环系统。

设计评述

本案围绕小河公园的规划，以历史的角度探讨，从古代“桑基鱼塘”的农业文明发展，到近代的工业文明强势进入，再到利用工业遗产营造开放的城市公共空间，完整体现了人类认识世界的思维循环。现代的城市生活与古代的渔樵农耕在精神层面达到了高度的对应和统一。

方案充分展现了上位规划对本区域的规划定位，体现了对当地自然与人文环境的保护与尊重。设计定位准确、更新后的功能多元完善，公园内建筑布局合理，建成后将提升城市功能，形成美好完整的城市形态。

公园的微气候循环系统、海绵城市的引入，给绿色杭州又增加浓重一笔。

主要设计人 • 朱小地　陈　莹　金国红　李　昂　韩明阳　马天罡　武世欣

小米未来产业园项目概念规划

二等奖 • 城市规划与城市设计／一般项目
• 独立设计／投标结果未公布

项目地点 • 北京市昌平区朱辛庄北路
方案完成／交付时间 • 2020 年 4 月 16 日

设计特点

项目建设目标为打造生态园区、活力园区、智慧园区、魅力园区，以“绿野和互联”为契机整合原有规划用地，适度调整中央绿地构型，形成未来工厂、科教创新街区、米家智能社区、科技生态部落、清河大学（培训）、对外接待中心（含剧场）“六大主要功能区”，并通过中央公园彼此紧密连接，创建真正意义上的学院式研发园区。

设计充分利用用地东西宽、南北窄，区域内有大面积城市绿地的有利条件，采用东西舒展、南北通透、交织连接的建筑形态与用地形状契合，构成强烈的整体交织互联意向。通过慢行连桥与步道促成建筑与中央景观的进一步互动，将青山绿水的景观充分渗透到建筑组团之中。中心绿地规划和吸纳方式最大限度地增大了城市中心绿地对园区的价值，放大了用地选择的优势。

主要建筑采取南北向院落布局，办公主体采用小进深带状体量。在采光、通风、节能、景观视野等物理环境打造上拥有绝对优势。设计以地面为中心，通过下沉和挑空将地下二层到地上二层的建筑界面塑造成为人文、生态共享的近地空间系统。每个学院区都由周边景观、中心庭院、屋面生态室内绿化，以及广阔的中央公园形成丰富的立体森林景观。

建筑外观在富于变化的造型下，最大程度采用单元式幕墙进行构造，可工业化规模性加工制造，提高了材料的利用率；并通过外遮阳系统和幕墙呼吸系统，获得最佳节能效果与明亮的视野。

设计评述

园区规划富于创意，从建筑、交通、景观多方面为企业的未来园区描绘了国际化的、智慧化的、融入自然的蓝图。对环境条件分析充分、到位，所提出的用地修改内容和规划设计内容符合园区的未来使用需求，并对城市局部地区的更新具有非常积极的意义。园区城市形象独特、丰富，兼具未来感和人文感，契合了业主作为互联网头部企业倡导“乐趣科技、万物互联”的发展目标。

主要设计人 • 马　泷　陈文青　吴　懿　孙　晟　赵雯雯
金　戈　丛　晓　刘思思　王　斌

南侧鸟瞰效果图

研发办公人视图

小米智慧工场人视图

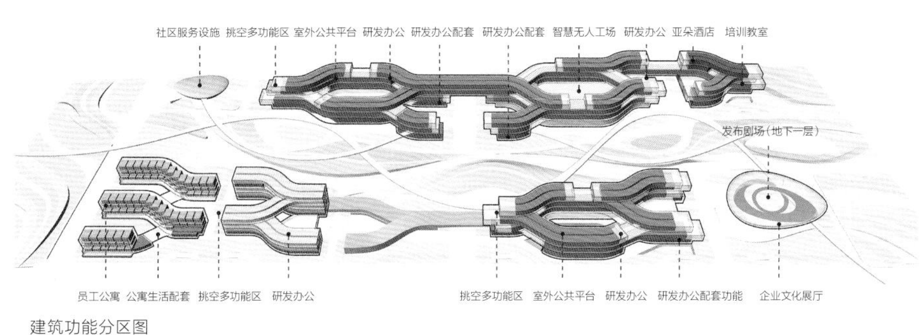

建筑功能分区图

员工公寓挑空多功能区企业文化展厅

其他获奖项目

01 中国石油大学（华东）古镇口科教园区综合教学楼 **02** 重庆江北国际机场 T3B 航站楼 **03** 长江生态文明干部学院和长江生态环境学院 **04** 长江文化书院建筑设计方案征集
05 北京第四中学雄安校区项目 **06** 城市绿心保留建筑改造设计——民国院子 **07** 海口寰岛实验学校江东新校区 **08** 模式口古道茶室
09 河源图书馆 **10** 北海市来康郡项目规划设计 **11** 清河 NEW 公寓 **12** 雄东 A 单元安置房及配套设施
13 通州经济开发区棚户区改造 **14** 北京日化二厂厂区改造 **15** 怀柔科学城城市设计 **16** 工业遗产转型复兴邯钢片区城市设计

7 京城市副中心道路公共空间城市家具 18 青岛市城阳区亚洲杯足球比赛场地（方案二） 19 南湖片区 Z11-C-01-2 地块 20 深圳市孙逸仙心血管医院二期
1 金隅兴发水泥地块转型项目概念规划国际方案设计 22 丽泽滨水文化公园一期游客中心 23 西安港务区滨水地块规划及重点建筑 24 烟台八角湾海洋经济创新区样板区
5 新首钢国际人才社区（核心区南区） 26 克拉玛依市城南十二年一贯制学校 27 北京市东城区旧鼓楼大街 P 保护区用地 28 公安部第一研究所家属区改造
9 陈各庄集体土地租赁住房 30 北京城市副中心住房项目（0701 街区）B# 地块规划方案 31 通州区张家湾棚户区改造 32 成都东岸

33 北京丽泽金融商务区滨水文化公园（一期） **34** 金科新区核心区综合整治提升中心广场（方案一） **35** 北京大兴国际机场临空经济区发展服务中心 **36** 西四北八条 11 号内部装修改造
37 宝鸡市中心医院港务区分院 **38** 援非盟非洲疾病预防控制中心总部 **39** 南京金地国际学校 **40** 清华大学国际交流中心
41 雄安建筑竞赛——微风叠院 **42** 星火站交通枢纽及配套工程 **43** 中国电科 29 所产业基地安全产业分园 **44** 北京城市副中心职工周转房 C 地块幼儿园
45 博鳌亚洲论坛永久会址论坛公园 **46** 中国第二历史档案馆新馆 **47** 珠海传媒集团文化综合体 **48** 北京市海淀区学院路北侧 A、B、C、J 地块概念方案

49 雄安“渔人码头” **50** 北京市大兴区第一中学西校区景观 **51** 月坛体育场基础设施升级改造二期 **52** 万国数据浦江镇智能云服务大数据产业园
53 丽泽城市休闲运动公园一期攀岩馆 **54** 江北新区档案综合服务中心 **55** 美丽中国崇明马拉松开心农场 **56** 雄安建筑竞赛——水岸楼台
57 雄安城市家具（城市型） **58** 雄安城市家具（水岸型） **59** 光明科学城中心区城市设计 **60** 长沙百联购物公园商业 SOHO 办公区精装修

图书在版编目（CIP）数据

BIAD优秀方案设计 2020/ 北京市建筑设计研究院有限公司主编．—北京：中国建筑工业出版社，2021.6
ISBN 978-7-112-26256-4

Ⅰ．①B… Ⅱ．①北… Ⅲ．①建筑设计－作品集－中国－现代 Ⅳ．①TU206

中国版本图书馆CIP数据核字（2021）第122911号

责任编辑：徐晓飞　张　明
责任校对：王　烨

BIAD优秀方案设计 2020
北京市建筑设计研究院有限公司　主编
*
中国建筑工业出版社出版、发行（北京海淀三里河路9号）
各地新华书店、建筑书店经销
北京建院建筑文化传播有限公司制版
北京雅昌艺术印刷有限公司印刷
*
开本：965毫米×1270毫米　1/16　印张：$5^1/_2$　字数：150千字
2021年7月第一版　2021年7月第一次印刷
定价：90.00元
ISBN 978-7-112-26256-4
（37855）